高等院校土建类专业"互联网＋"创新规划教材

土木工程制图习题集（第3版）

主　编　张会平
参　编　任　萍　程　玉　王文静
　　　　朱晓菲　段保军

北京大学出版社
PEKING UNIVERSITY PRESS

内 容 简 介

本书是《土木工程制图(第 3 版)》的配套习题集。本书主要内容包括制图基本知识，投影基本知识，点、直线、平面的投影，直线与平面、平面与平面的相对位置，投影变换，曲线与曲面，截交线与相贯线，轴测投影，组合体，工程形体的表达方法，阴影，透视投影，标高投影，建筑施工图，结构施工图，给水排水施工图，道路及桥梁、涵洞、隧道工程图等。

本书可作为土建类各专业的教材，也可作为相关技术人员的学习参考用书。

图书在版编目(CIP)数据

土木工程制图习题集/张会平主编. —3 版. —北京：北京大学出版社，2022.1
(高等院校土建类专业"互联网+"创新规划教材)
ISBN 978-7-301-32534-6

Ⅰ. ①土… Ⅱ. ①张… Ⅲ. ①土木工程—建筑制图—高等学校—习题集 Ⅳ. ①TU204-44

中国版本图书馆 CIP 数据核字(2021)第 190750 号

书　　　　名	土木工程制图习题集(第 3 版) TUMU GONGCHENG ZHITU XITIJI (DI-SAN BAN)
著作责任者	张会平　主编
策 划 编 辑	吴　迪　卢　东
责 任 编 辑	卢　东　伍大维
标 准 书 号	ISBN 978-7-301-32534-6
出 版 发 行	北京大学出版社
地　　　　址	北京市海淀区成府路 205 号　100871
网　　　　址	http://www.pup.cn　新浪官方微博：@北京大学出版社
编辑部邮箱	pup6@pup.cn
总编室邮箱	zpup@pup.cn
电　　　　话	邮购部 010-62752015　发行部 010-62750672　编辑部 010-62750667
印 　刷　 者	天津中印联印务有限公司
经 　销　 者	新华书店
	787 毫米×1092 毫米　16 开本　14 印张　196 千字 2009 年 8 月第 1 版　2014 年 8 月第 2 版 2022 年 1 月第 3 版　2025 年 8 月第 4 次印刷
定　　　　价	36.00 元

未经许可，不得以任何方式复制或抄袭本书之部分或全部内容。
版权所有，侵权必究
举报电话：010-62752024　电子信箱：fd@pup.pku.edu.cn
图书如有印装质量问题，请与出版部联系，电话：010-62756370

第 3 版前言

本书是《土木工程制图（第 3 版）》的配套习题集，为便于教学，编写顺序与主教材一致。本书内容难度适中，题型分配合理，所列题型与教材内容紧密联系，且具有代表性，便于学生巩固所学知识。各章题量与章节内容有关，重点章节适当增加题目数量和难度，一般章节够用为止。本书图样全部通过绘图软件 AutoCAD 绘制，图样线条清晰，图线粗细分明。本书中采用的建筑施工图、结构施工图、给水排水施工图是配套施工图，该套施工图取自设计院实际工程图样，并加以修改完善，以便学生系统掌握专业制图内容，增强学习效果。本书采用的最新相关规范主要有《房屋建筑制图统一标准》(GB/T 50001—2017)、《总图制图标准》(GB/T 50103—2010)、《建筑制图标准》(GB/T 50104—2010)、《建筑结构制图标准》(GB/T 50105—2010)、《建筑给水排水制图标准》(GB/T 50106—2010)和《暖通空调制图标准》(GB/T 50114—2010)等。

本书由河南城建学院的张会平主持编写。参加编写人员及分工如下：张会平编写第 1、2、3 章，河南城建学院的任萍编写第 4、7、10 章，河南工业大学的程玉编写第 5、8、9 章，山东理工大学的王文静编写第 6、17 章，河南城建学院的朱晓菲编写第 11、12、14、15、16 章，河南城建学院的段保军编写第 13 章，全书由张会平统稿。本书在编写过程中得到河南城建学院土木工程学院领导的大力支持和帮助，并参阅了大量著作，在此一并表示感谢。

由于编者水平有限，书中难免有错漏之处，敬请广大读者和同行批评指正。

编　者
2021 年 4 月

目 录

第 1 章　制图基本知识 …………………………………………………………………………… 1
第 2 章　投影基本知识 …………………………………………………………………………… 9
第 3 章　点、直线、平面的投影 ………………………………………………………………… 27
第 4 章　直线与平面、平面与平面的相对位置 ………………………………………………… 63
第 5 章　投影变换 ………………………………………………………………………………… 85
第 6 章　曲线与曲面 ……………………………………………………………………………… 93
第 7 章　截交线与相贯线 ………………………………………………………………………… 103
第 8 章　轴测投影 ………………………………………………………………………………… 125
第 9 章　组合体 …………………………………………………………………………………… 141
第 10 章　工程形体的表达方法 ………………………………………………………………… 151
第 11 章　阴影 …………………………………………………………………………………… 159
第 12 章　透视投影 ……………………………………………………………………………… 181
第 13 章　标高投影 ……………………………………………………………………………… 192
第 14 章　建筑施工图 …………………………………………………………………………… 195
第 15 章　结构施工图 …………………………………………………………………………… 207
第 16 章　给水排水施工图 ……………………………………………………………………… 212
第 17 章　道路及桥梁、涵洞、隧道工程图 …………………………………………………… 215
参考文献 …………………………………………………………………………………………… 218

第1章　制图基本知识

| 字体练习 | | | 班级 | 姓名 | 学号 |

1. 临摹下列文字。

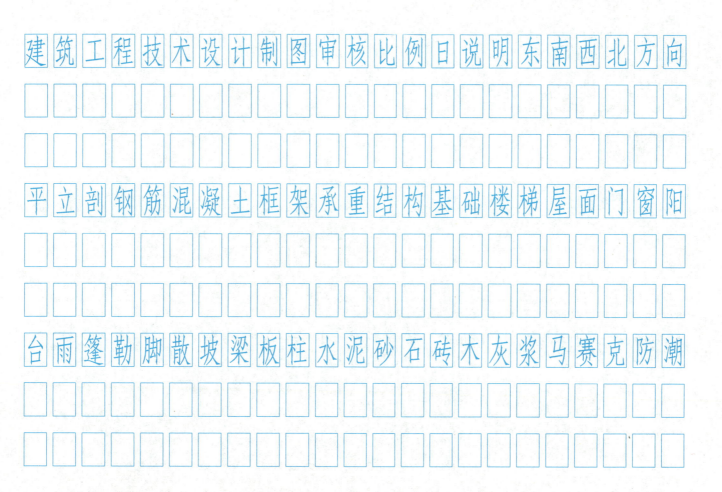

民用房屋墙柱梁挡板沟槽材料防潮层预应力卫生城市

住宅宿舍办公荷载规范标准坡道变缝承拉压破坏模板

施绑扎养护装配沉降观测开裂高差埋置深度砌体构造

第1章 制图基本知识

字体练习   班级   姓名   学号

长 宽 厚 度 标 高 形 状 大 小 体 积 轴 线 垂 直 前 后 左 右 上 中 下 室 内 外 地 坪 素 土 夯 实 踏

步 安 全 栏 杆 卫 生 设 备 城 市 道 路 管 系 给 排 水 暖 电 器 照 明 油 毡 隔 热 挂 瓦 吊 顶 天 棚

檐 口 伸 缩 缝 现 浇 预 制 温 度 砌 墙 宿 舍 装 配 件 张 数 量 标 准 一 二 三 四 五 六 七 八 九 十

第1章 制图基本知识

| 字体练习 | 班级 | 姓名 | 学号 |

绿豆面层保护找平架空隔热挂瓦顺水检查顶棚抹灰吊顶搁栅雨斗管沟过圈梁

预埋平拱磨石消防安全门百页亮子铁栅铰链玻璃刨花木丝闸阀单元节点泡沫

通风备注栏定位轴线绘制描淋浴抗震洞幢牛腿喷涂准径隧涵轮廓冲洗乳胶漆

第1章 制图基本知识

字体练习	班级	姓名	学号

2. 临摹下列字母、数字和符号。

ABCDEFGHIJKLMNOPQRSTUVWXYZ

abcdefghijklmnopqrstuvwxyz

1234567890ⅠⅤⅩØ 75°

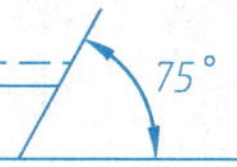

ABC abcd1234Ⅳ

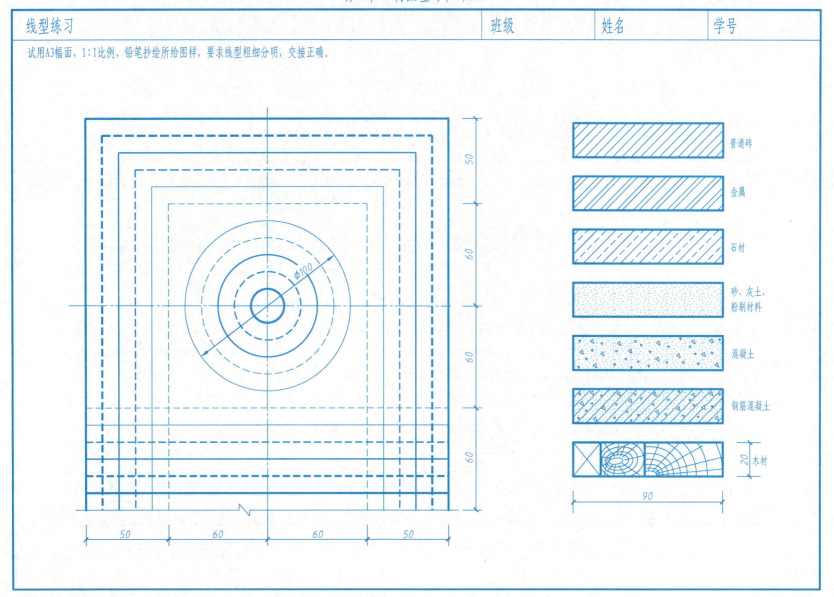

第1章 制图基本知识

几何作图		班级	姓名	学号

试用A3幅面，1∶1比例，铅笔绘制所给图样，要求连接处光滑、准确，线型粗细分明。

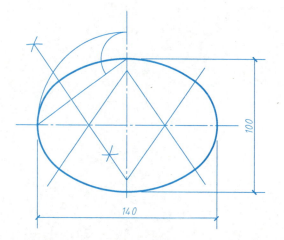

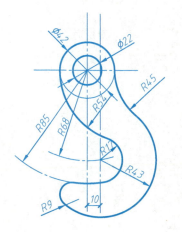

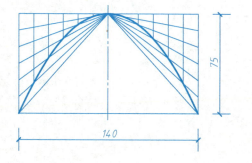

第2章 投影基本知识

| 投影基本知识 | 班级 | 姓名 | 学号 |

1. 根据轴测图，在投影图中的括号内填写物体的方位。

(1)

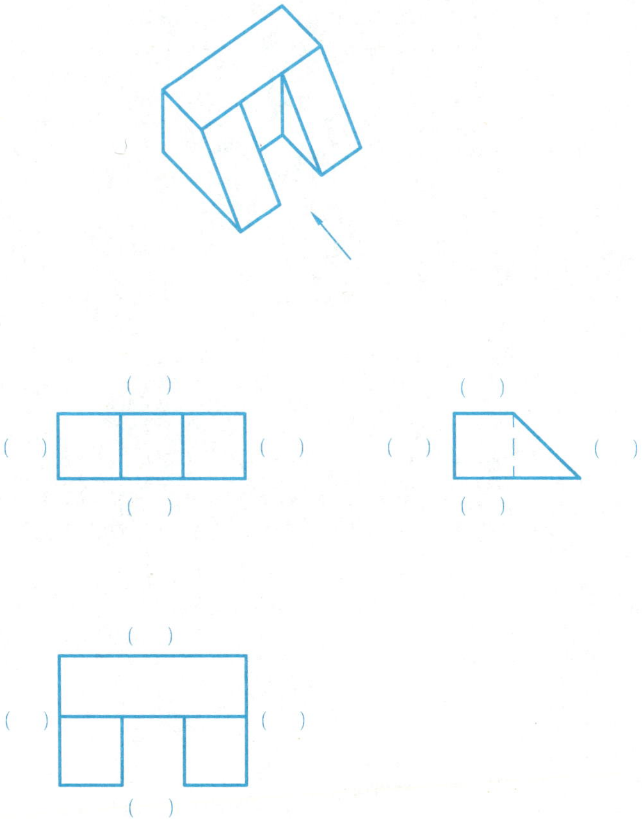

(2)

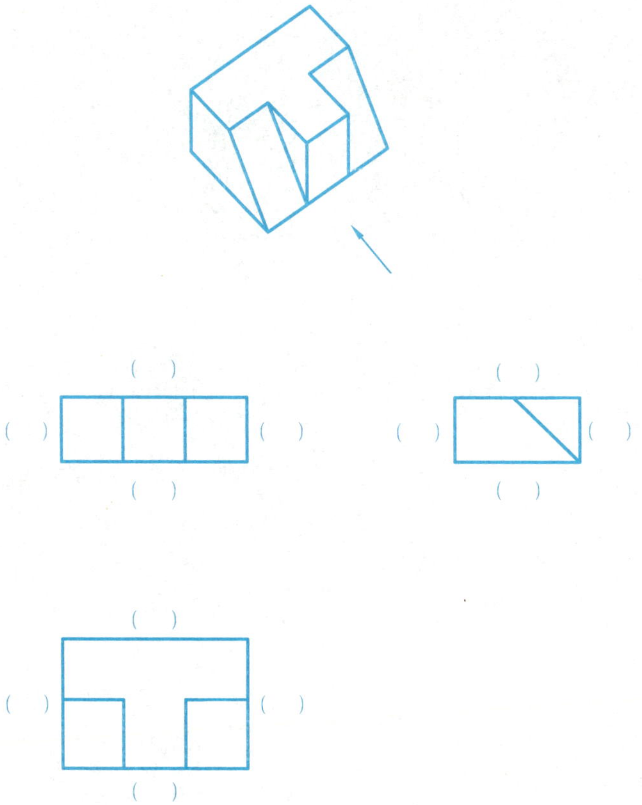

第2章 投影基本知识

| 投影基本知识 | 班级 | 姓名 | 学号 |

2. 根据轴测图补全三面投影图。

(1)

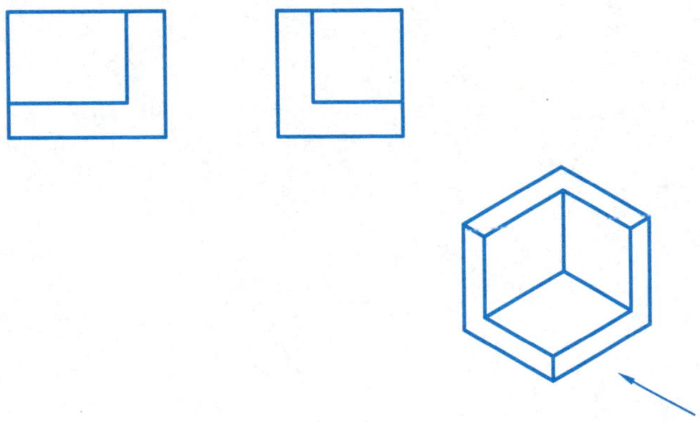

(2)

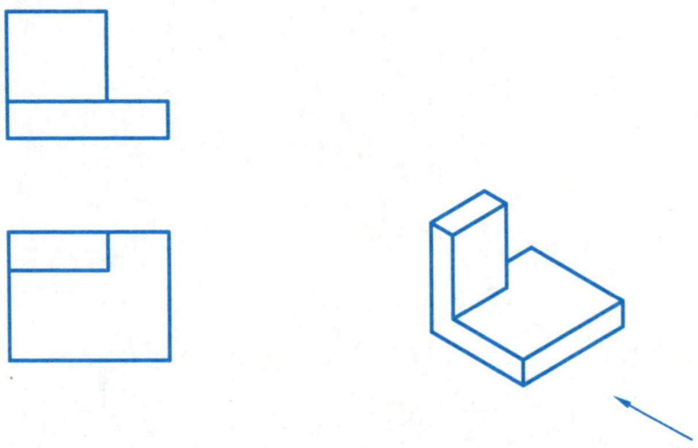

(3)

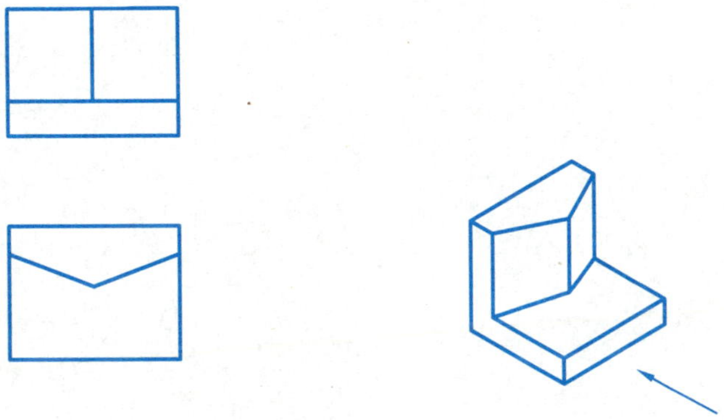

(4)

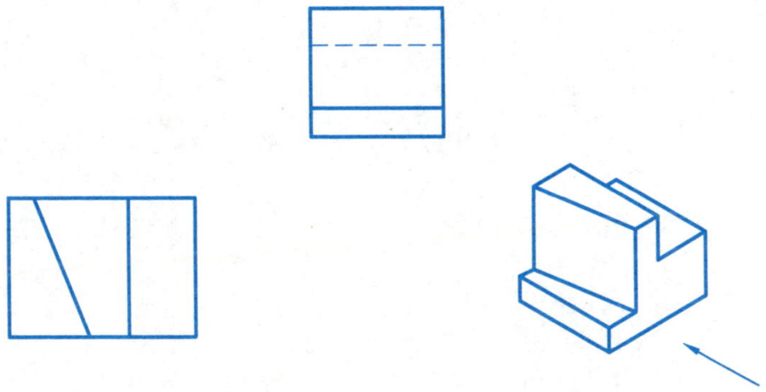

第2章 投影基本知识

| 投影基本知识 | 班级 | 姓名 | 学号 |

3. 根据形体的立体图画投影图。

(1)

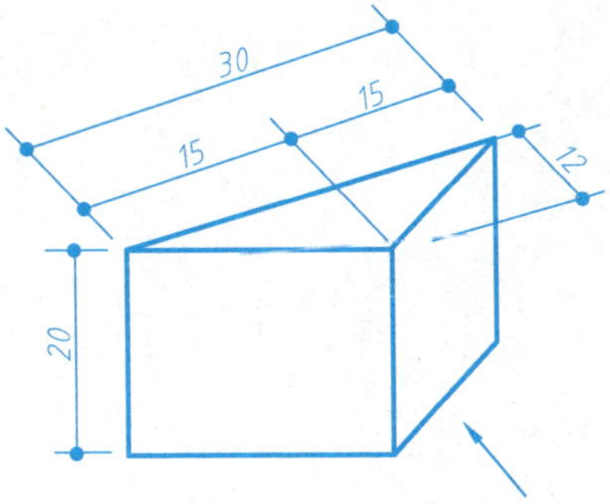

(2)

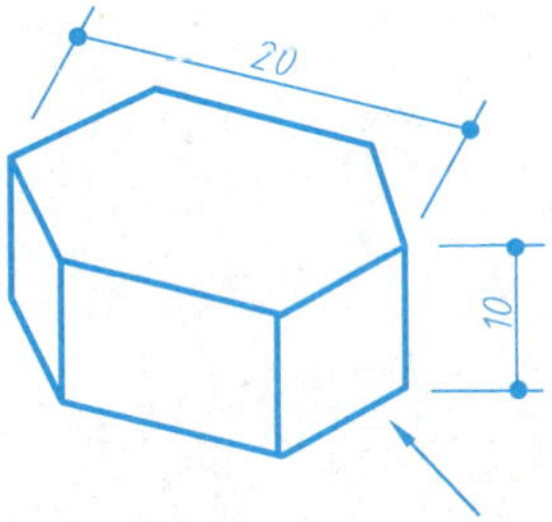

(3)

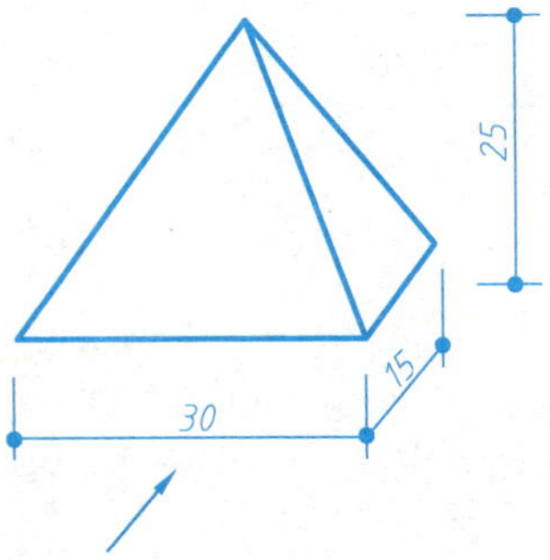

(4)

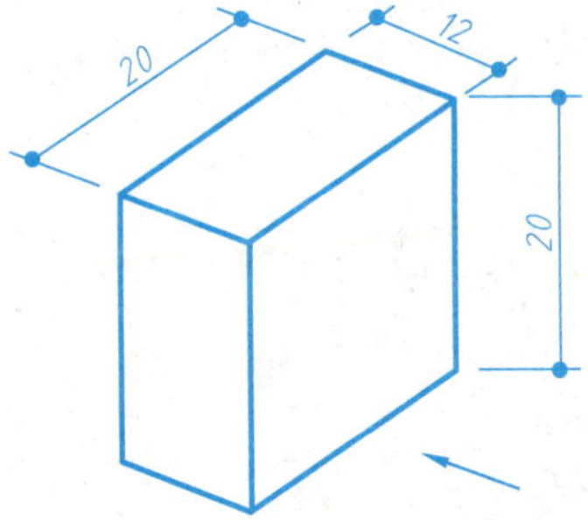

第2章 投影基本知识

投影基本知识		班级	姓名	学号

(5)

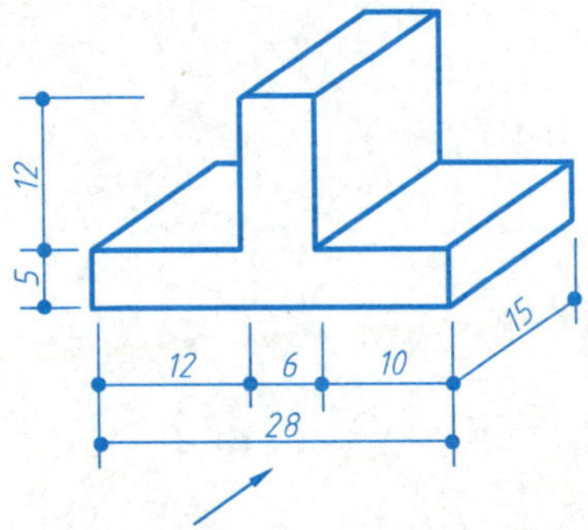

(6)

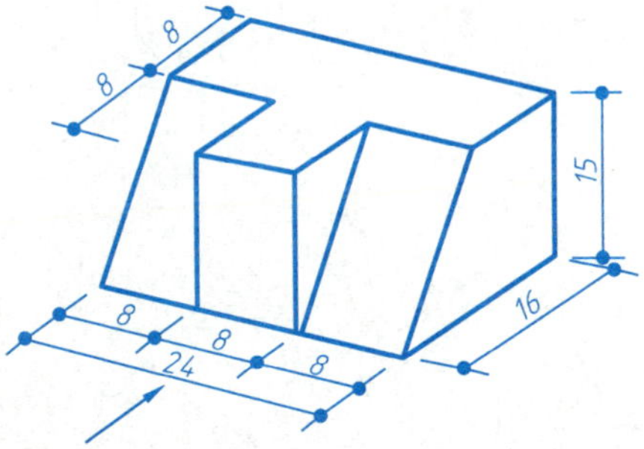

第2章 投影基本知识

| 投影基本知识 | 班级 | 姓名 | 学号 |

(7)

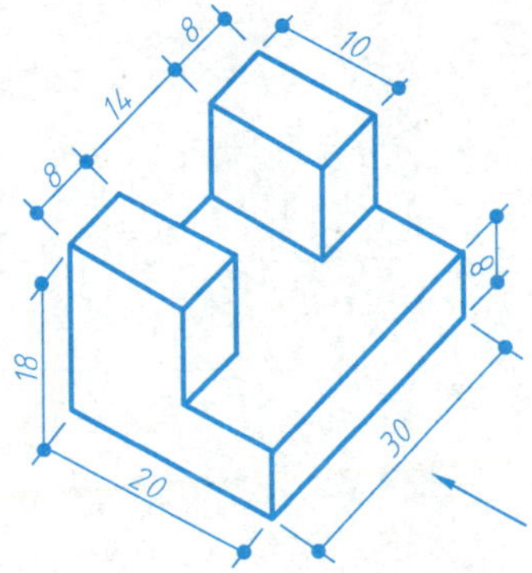

(8)

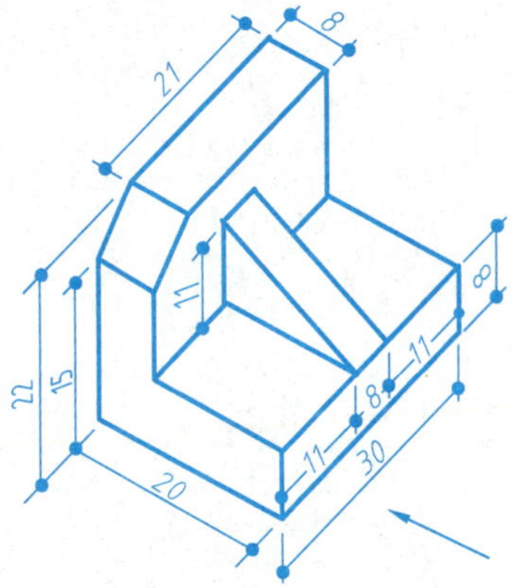

第2章 投影基本知识

| 投影基本知识 | 班级 | 姓名 | 学号 |

(9)

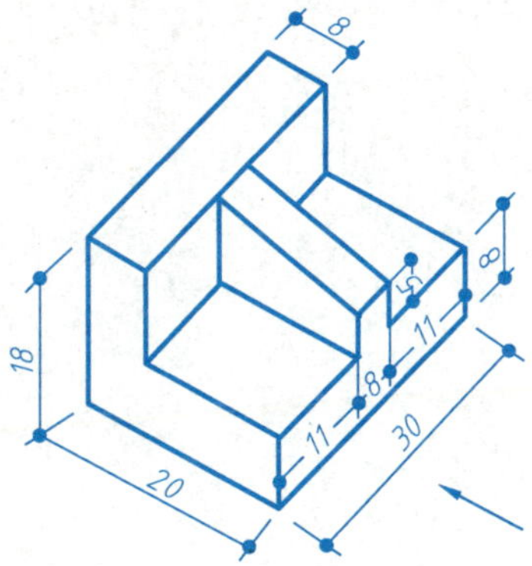

(10)

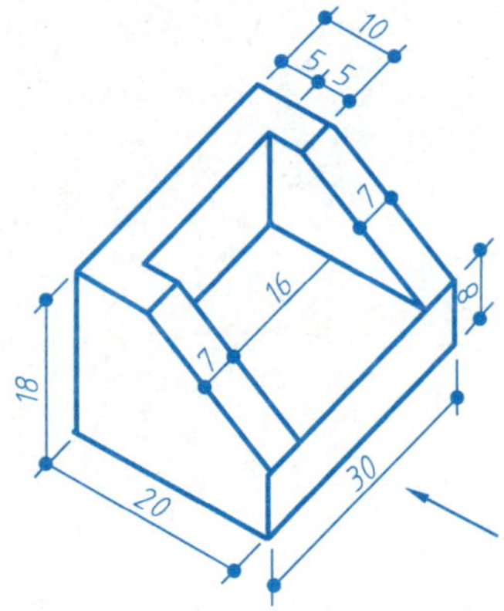

第2章 投影基本知识

| 投影基本知识 | 班级 | 姓名 | 学号 |

4. 补全基本形体的第三面投影图。

(1)

(2)

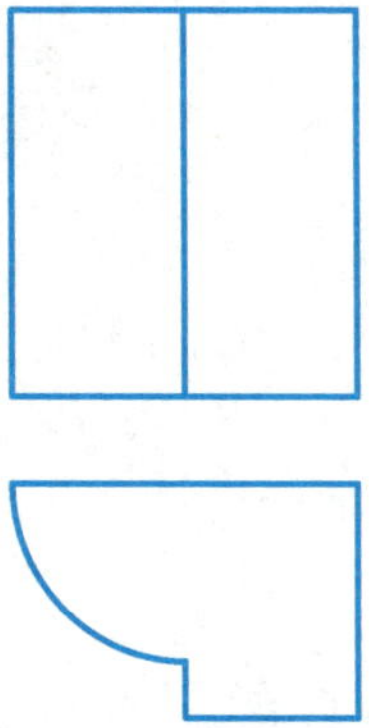

(3)

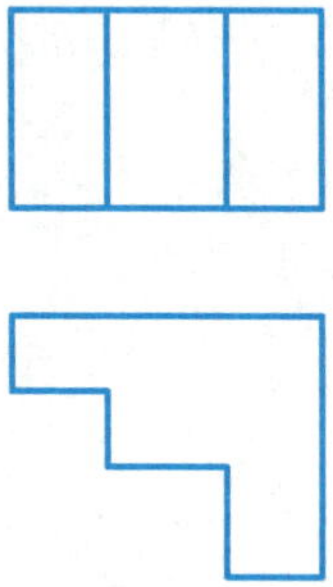

(4)

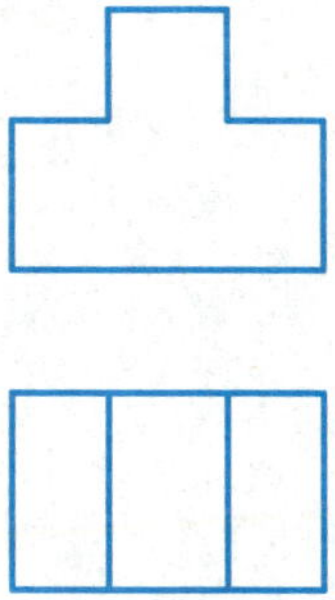

(5)

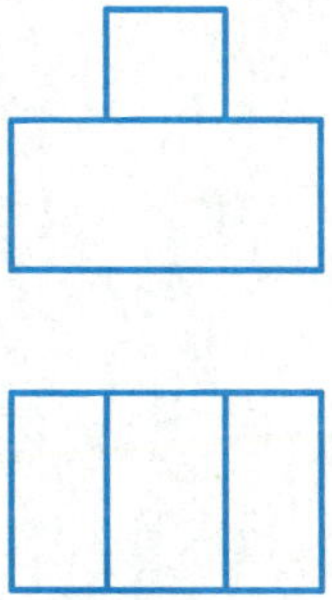

(6)

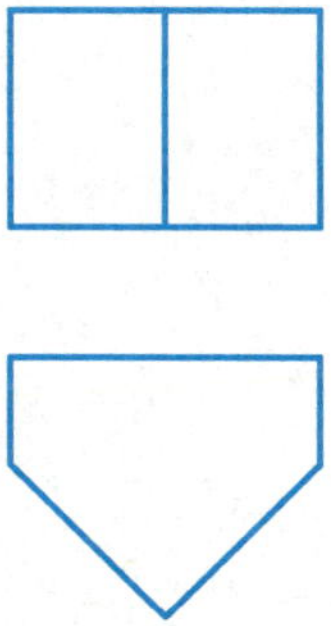

第2章 投影基本知识

投影基本知识		班级	姓名	学号

第2章 投影基本知识

投影基本知识		班级	姓名	学号
(13)	(14)			(15)
(16)	(17)			(18)

第3章 点、直线、平面的投影

点的投影	班级	姓名	学号

1. 画出形体的三面投影图,并注出形体上各点的面三投影。

(1)

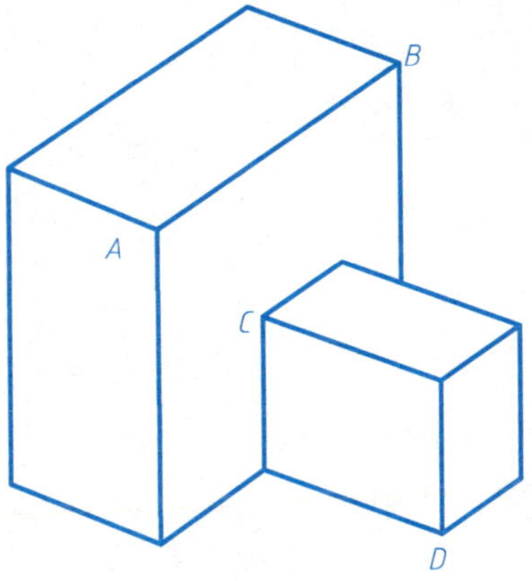

(2)

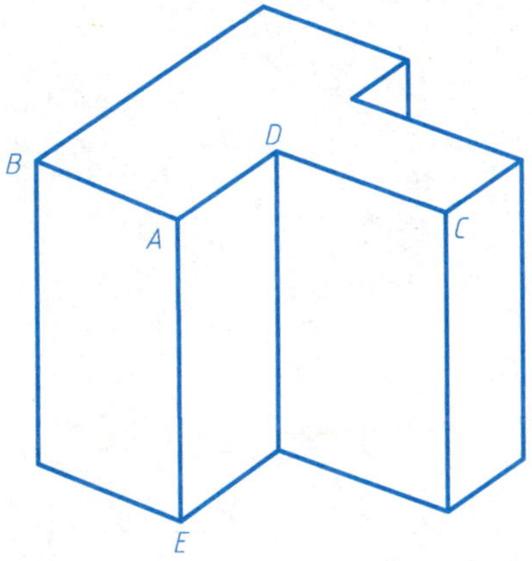

第3章 点、直线、平面的投影

| 点的投影 | 班级 | 姓名 | 学号 |

2. 已知点 A (20, 15, 25)、B (25, 0, 15)、C (0, 0, 5) 的坐标，求它们的投影图和立体图。

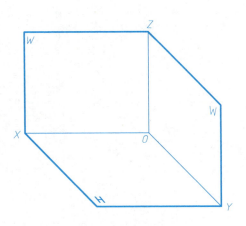

3. 已知点的两面投影，求第三面投影。

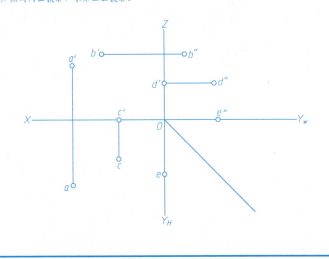

4. 已知 A、B、C 三点的各一投影 a、b′、c″，且 Bb′ = 10mm，Aa = 20mm，Cc″ = 5mm。求各点的三面投影，并用直线连接各同面投影。

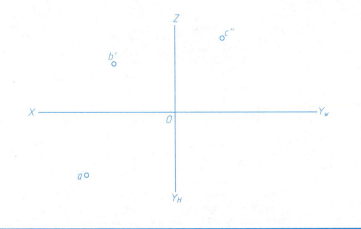

第3章 点、直线、平面的投影

| 点的投影 | | 班级 | 姓名 | 学号 |

5. 作出A、B两点的W面投影，并判断它们的相对位置。

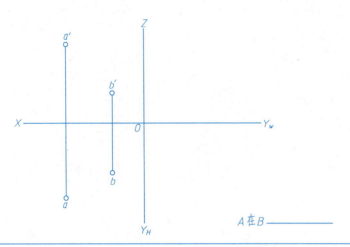

A在B _____

6. 已知点B在点A的正下方的H面上，点C在点A的正左方15mm，求B、C的投影，并判别重影点的可见性。

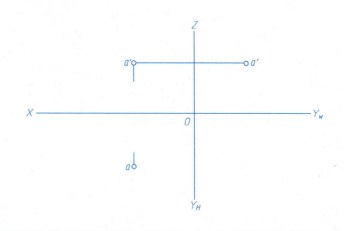

7. 设B点在A点的左方20mm、前方15mm、下方20mm，求B点的三面投影。

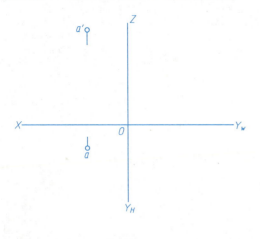

8. 已知A、B两点等高，B在A之右，Aa'=20mm，Bb'=10mm，且A、B两点的H面投影相距50mm，求A、B两点的两面投影。

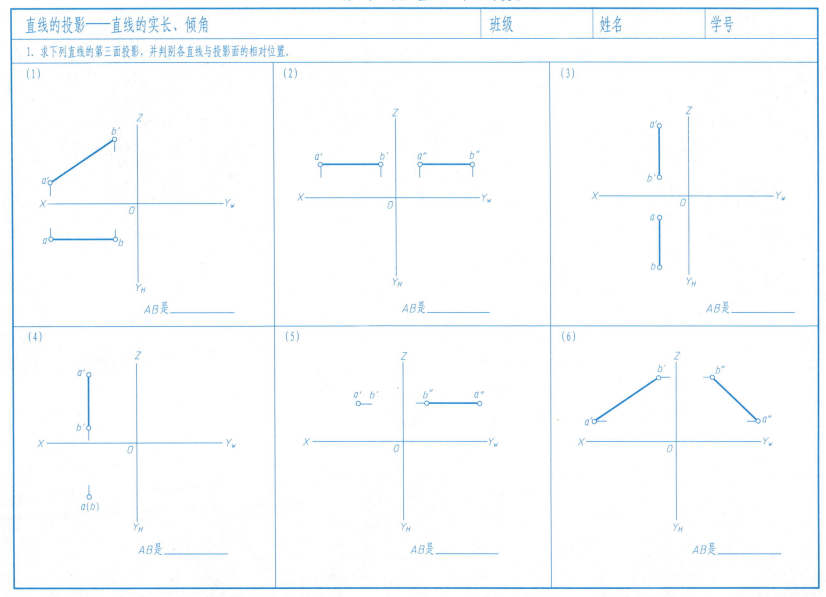

第3章 点、直线、平面的投影

| 直线的投影——直线的实长、倾角 | 班级 | 姓名 | 学号 |

2. 根据已知条件，求直线的投影。

(1) 已知 $AB // H$ 面及 ab 和 a'，求 $a'b'$。

(2) 已知 $CD // V$ 面，且距 V 面 20mm，求 cd。

(3) 已知 $E(20, 10, 15)$，过 E 作一实长为 20mm 的正垂线 EF，F 在 E 之前。

第3章 点、直线、平面的投影

| 直线的投影—直线的实长、倾角 | | 班级　　　　姓名　　　　学号 |

(4) 已知 $AB//V$ 面及 a、a', $\alpha=30°$, B 在点 A 的右下方的 H 面上。

(5) 过 K 点作一正平线 KL, 使其到 V 面距离为20mm, $\alpha=45°$, L 在 K 右下方, 两端点 $\Delta Z=15$mm。

(6) 在 AB 上确定一点 K, 使得 $AK=15$mm, 求点 K 的三面投影。

第3章 点、直线、平面的投影

直线的投影——直线的实长、倾角　　　班级　　　姓名　　　学号

3. 求AB的实长和倾角α。

4. 求AB的实长和倾角β。

5. 已知AB//W面，AB=20mm，α=30°，B在A的后上方，求AB的三面投影。

6. 已知a'b'及a，β=30°，且B在A的后方，求AB实长及ab。

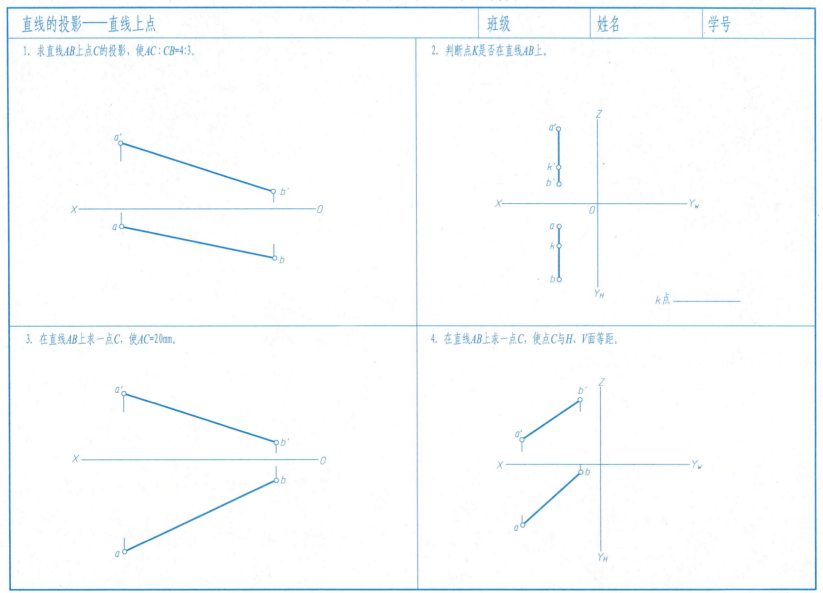

第3章 点、直线、平面的投影

| 直线的投影——两直线的相对位置 | 班级 | 姓名 | 学号 |

1. 判别两直线之间的相对位置。

(1) ( )

(2) ( )

(3) ( )

(4) ( )

(5) ( )

(6) ( )

(7) ( )

(8) ( )

第3章 点、直线、平面的投影

| 直线的投影——两直线的相对位置 | 班级 | 姓名 | 学号 |

2. 作一水平线MN与H面相距20mm，并与AB、CD相交。

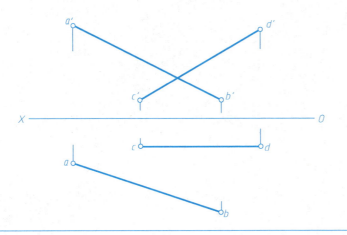

3. 过点E作一直线与已知两交叉直线AB、CD相交。

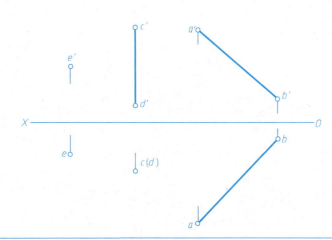

4. 求正平线MN与交叉三直线AB、CD、EF相交。

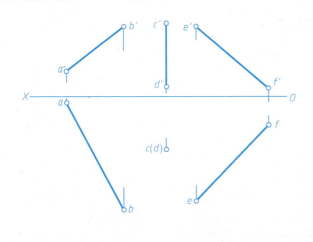

5. 作直线GH，使其与CD和EF相交且与AB平行。

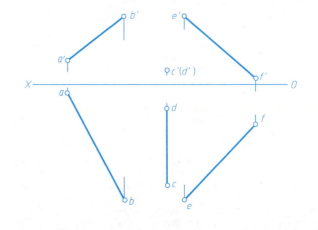

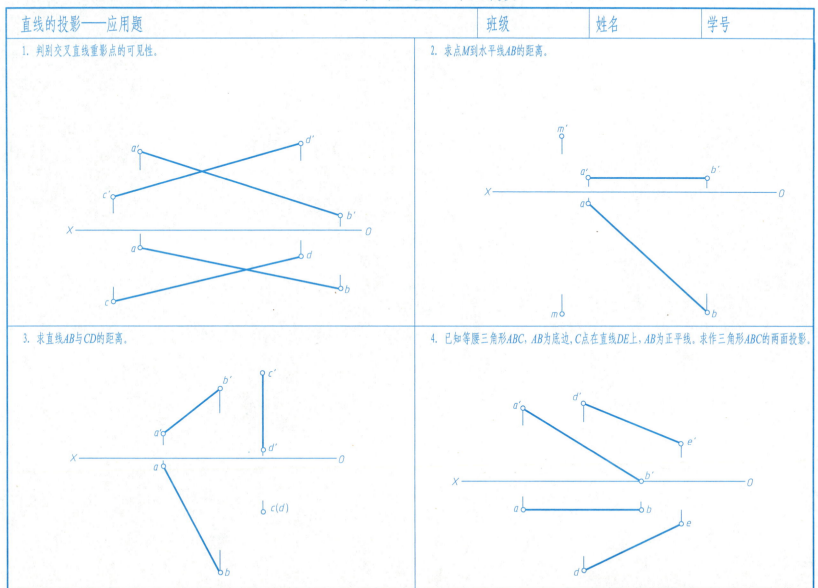

第3章 点、直线、平面的投影

| 平面的投影——各种位置平面的投影 | 班级 | 姓名 | 学号 |

1. 求下图的W面投影，在投影图上注明各指定表面名称，并在表格内填写各指定表面与投影面的相对位置。

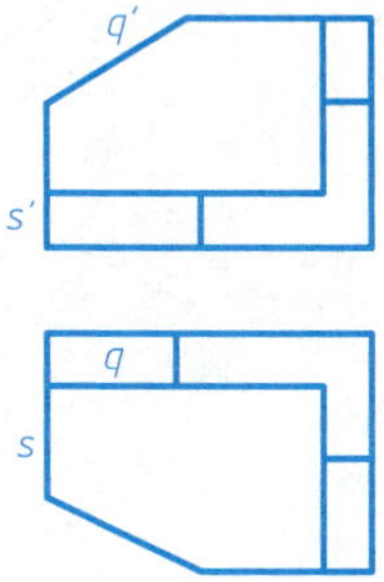

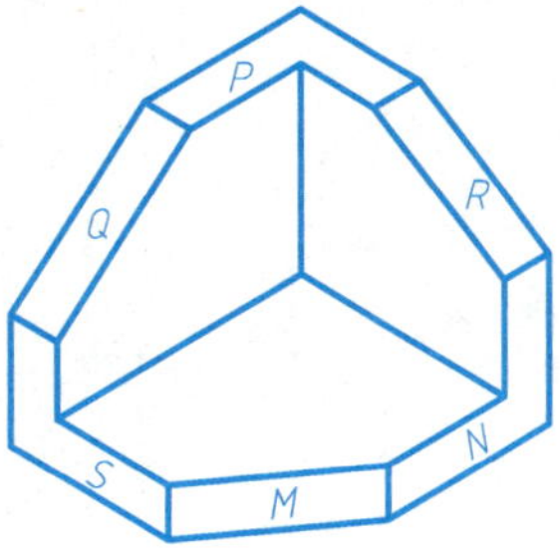

平面	平面与投影面相对位置
P	
Q	
R	
S	
M	
N	

2. 判别平面与投影面的相对位置。

(1) P面是____

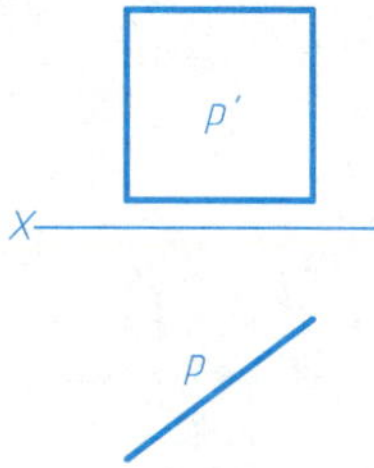

(2) Q面是____

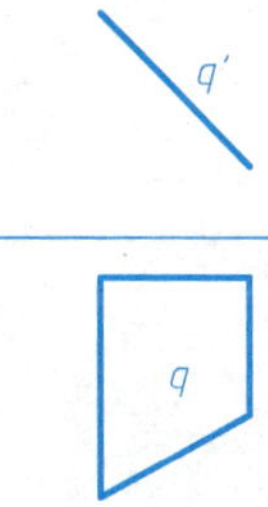

(3) R面是____

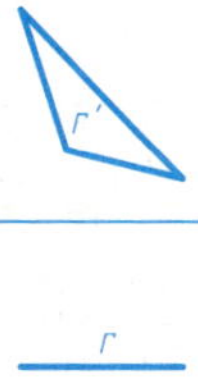

(4) M面是____

(5) N面是____

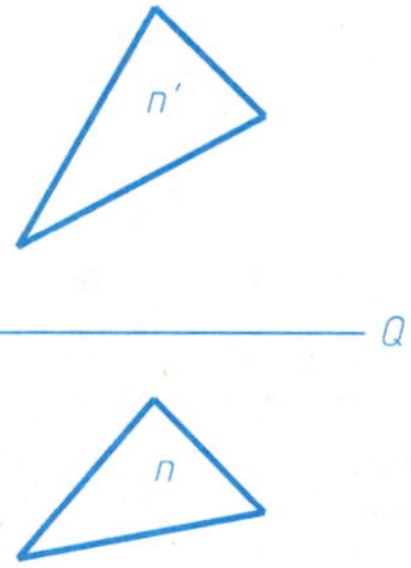

第3章 点、直线、平面的投影

平面的投影——平面上的点和直线		班级　　　姓名　　　学号	

1. 过已知点、线作平面。

(1) 过点A作正垂面P，其α为30°。	(2) 过AB作铅垂面△ABC。	(3) 过点A作一般面△ABC。	(4) 过AB作一般面△ABC。

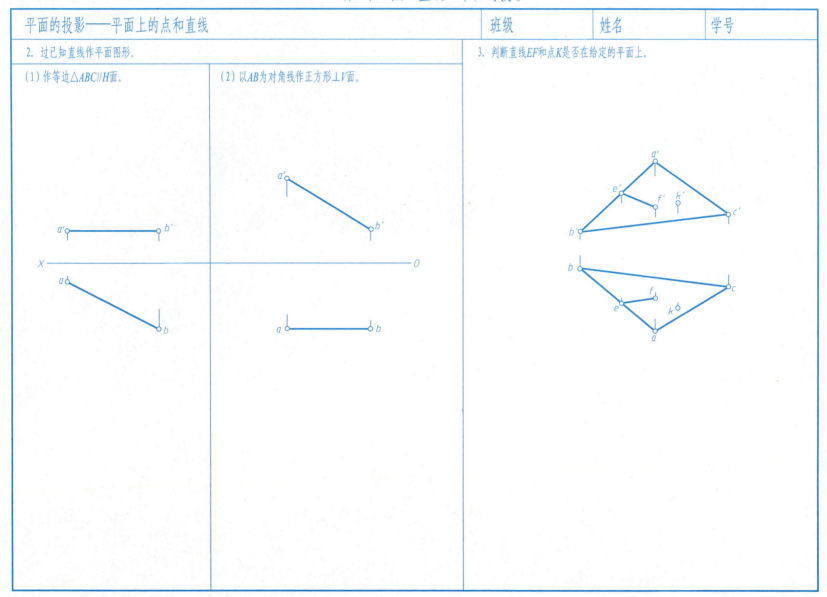

第3章 点、直线、平面的投影

| 平面的投影——平面上的点和直线 | 班级 | 姓名 | 学号 |

4. 求平面ABC内点的另一投影。

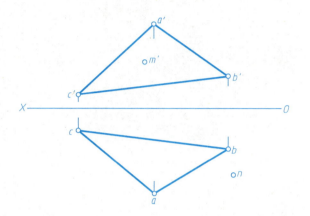

5. 求平面ABC内直线EF的H面投影。

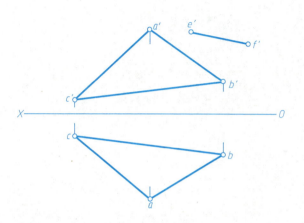

6. 求平面ABCD上△EFG的H面投影。

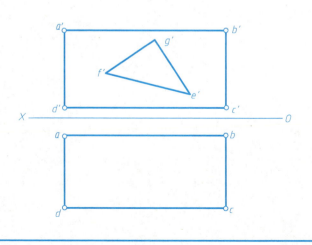

7. 补全平面五边形ABCDE的H面投影。

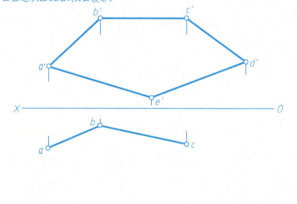

第3章 点、直线、平面的投影

平面的投影——应用题

1. 已知点A的两面投影，过点A作等腰△ABC的三面投影，该三角形为正垂面，α=30°，底边BC为正平线，长25mm，三角形的高为20mm。

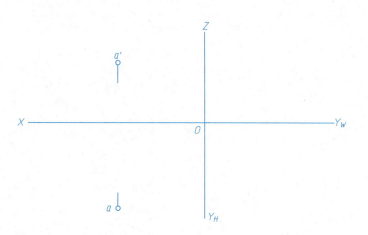

2. 已知一正方形ABCD的一条对角线AC，另一条对角线BD为H面平行线，求该正方形的三面投影。

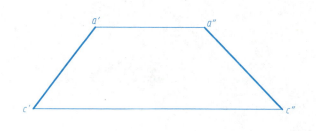

第3章 点、直线、平面的投影

| 平面的投影——应用题 | 班级 | 姓名 | 学号 |

3. 已知一正方形ABCD的一边BC的H、V面投影，另一边AB的V面投影方向，补全此正方形ABCD的V、H面投影。

第3章 点、直线、平面的投影

| 平面的投影——平面对投影的倾角 | 班级　　　姓名　　　学号 |

1. 求平面ABC内点D的V、H投影，使点D比A点低10mm，在A点前10mm。

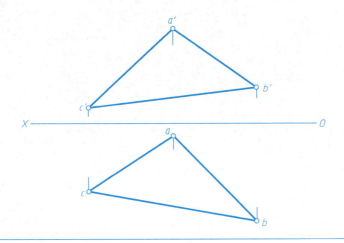

2. 求三角形对H面倾角α。

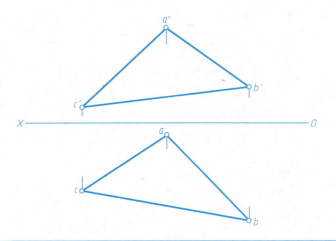

3. 求三角形对V面倾角β。

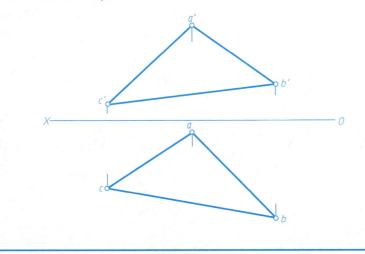

4. 求对H面倾角为α=60°的等腰△ABC，AB为等腰三角形底边，C点在V面上。

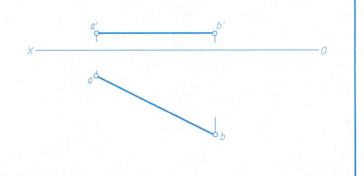

第4章 直线与平面、平面与平面的相对位置

| 直线与平面、平面与平面平行 | 班级 | 姓名 | 学号 |

1. 判断下列直线与平面的相对位置关系。

(1) 直线DE____平面ABC

(2) 直线DE____平面ABC

(3) 直线DE____平面ABC

(4) 直线AB____平面P

# 第4章 直线与平面、平面与平面的相对位置

| 直线与平面、平面与平面平行 | 班级 姓名 学号 |

2. 过点A作直线AB平行于平面R。

3. 过直线AB作铅垂面Q平行于直线CD。

4. 过点K作平面R垂直于水平线CD。

5. 过点S作一水平线平行于平面ABC。

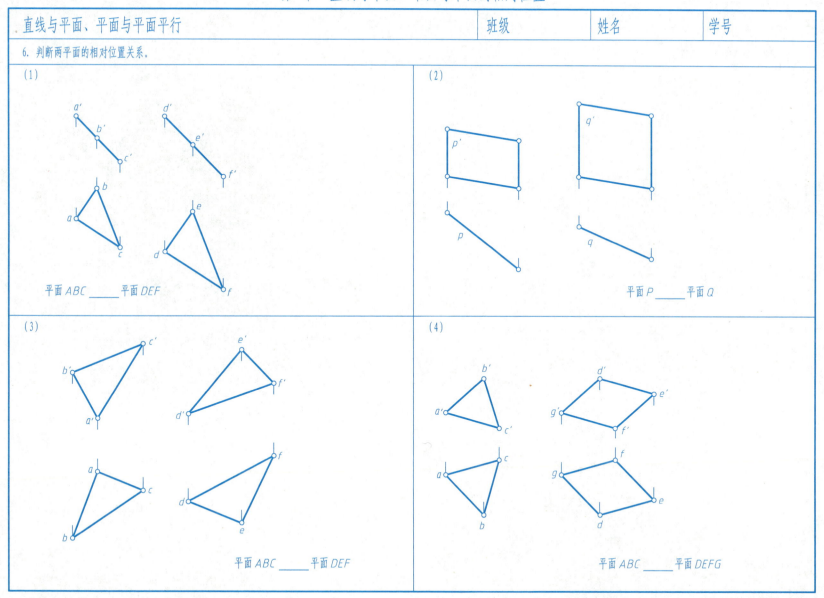

第4章 直线与平面、平面与平面的相对位置

| 直线与平面、平面与平面垂直 | 班级 | 姓名 | 学号 |

1. 判断直线DE是否垂直于平面ABC。

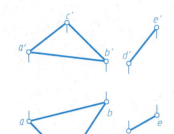

2. 作铅垂面R垂直于水平线AB。

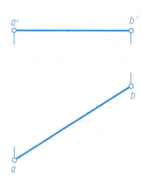

3. 作正垂面Q垂直于正平线CD。

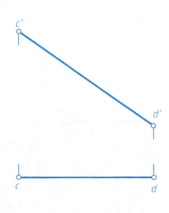

4. 过点K作铅垂面R垂直于平面ABC。

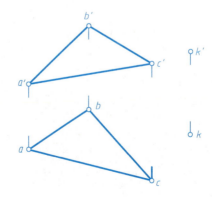

第4章 直线与平面、平面与平面的相对位置

| 直线与平面、平面与平面垂直 | 班级 | 姓名 | 学号 |

5. 过点K作一般位置平面垂直于平面ABC。

6. 过线段DE作平面垂直于平面ABC。

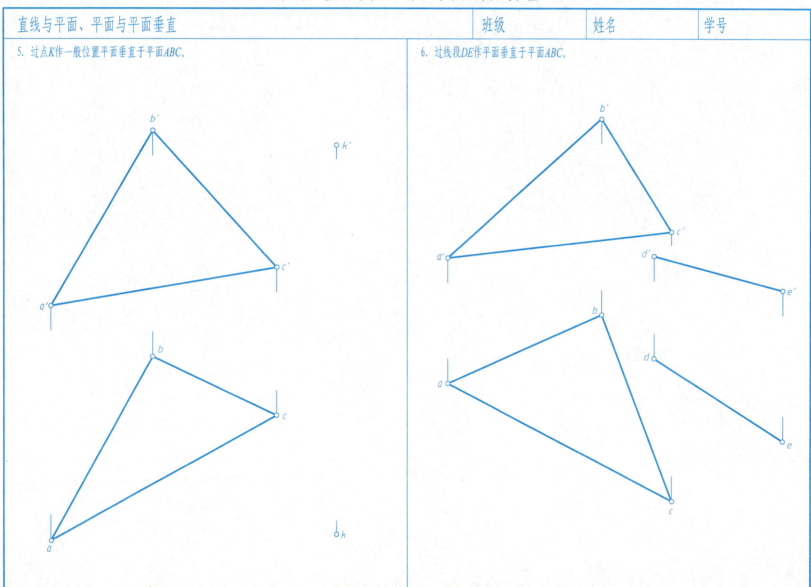

第4章 直线与平面、平面与平面的相对位置

直线与平面、平面与平面垂直　　班级　　姓名　　学号

7. 作图检查两平面是否垂直。

平面 ABC ＿＿＿ 平面 DEFG

平面 ABC ＿＿＿ 平面 DEF

8. 求点 K 到平面 ABCD 的距离。

9. 已知点 K 到平面 ABC 的距离为15，并知 k'，求 k。

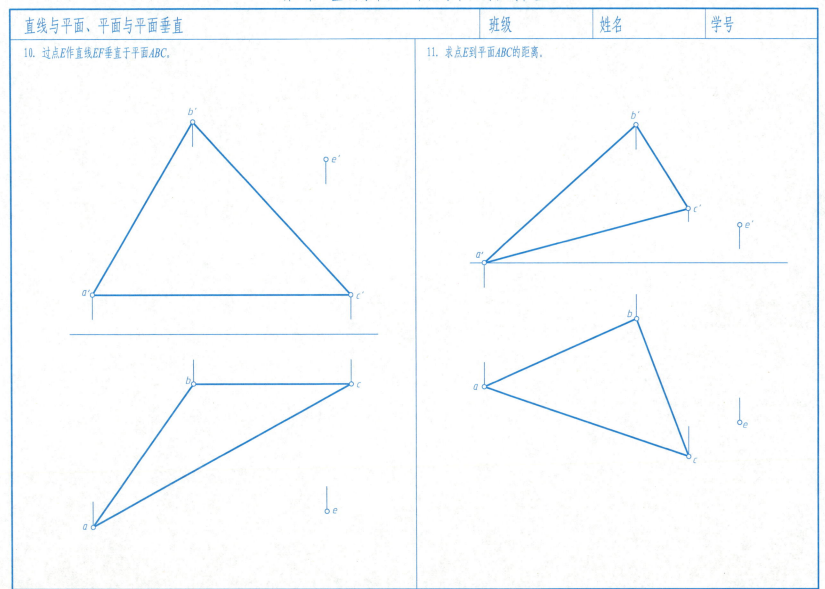

第4章 直线与平面、平面与平面的相对位置

| 直线与平面、平面与平面相交 | 班级 | 姓名 | 学号 |

1. 求作投影面垂直线与一般位置平面的交点,并判别可见性。

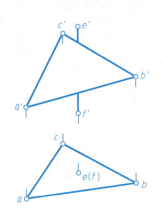
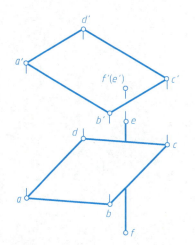

2. 求一般位置直线与投影面的交点,并判别可见性。

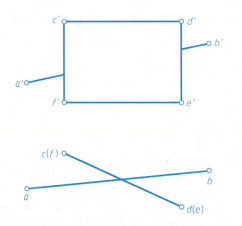
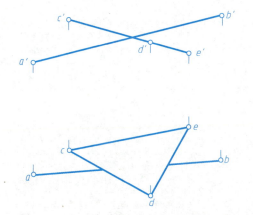

第4章 直线与平面、平面与平面的相对位置

| 直线与平面、平面与平面相交 | 班级 | 姓名 | 学号 |

3. 求一般位置平面与投影面垂直面的交线，并判别可见性。

4. 求一般位置平面与投影面垂直面的交线。

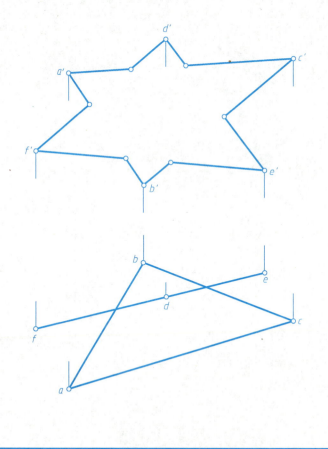

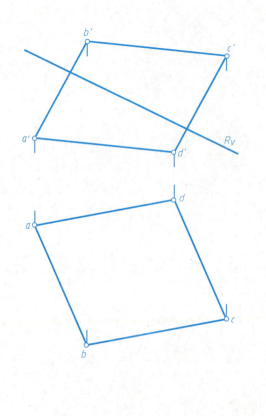

第4章 直线与平面、平面与平面的相对位置

| 直线与平面、平面与平面相交 | 班级 | 姓名 | 学号 |

5. 求R面与六棱锥各侧面的交线。

6. 一般位置直线与一般位置平面相交,求交点并判别可见性。

第4章 直线与平面、平面与平面的相对位置

直线与平面、平面与平面相交 | 班级 姓名 学号

7. 一般位置直线与一般位置平面相交，求交点并判别可见性。

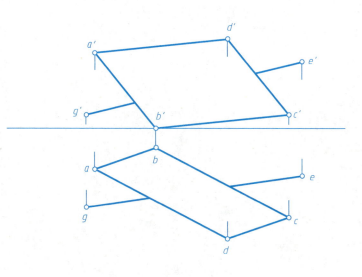

8. 求平面ABC与DEF的交线，并判别可见性。

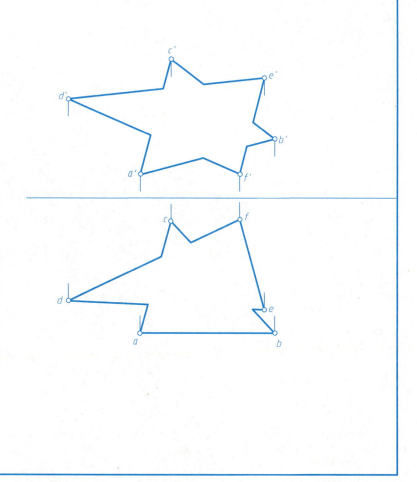

第5章 投影变换

| 换面法 | 班级 姓名 学号 |

1. 已知 $AB \perp BC$，以及 $a'b'$、$b'c'$ 及 ab，补全 H 投影。

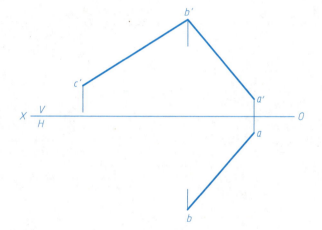

2. 已知直线 AB 的正面投影 $a'b'$ 和点 A 的水平投影 a，并知点 B 在点 A 的前方，AB 与 V 面倾角 $\beta=30°$，用换面法补全 AB 的水平投影 ab。

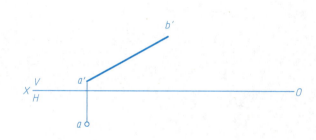

第5章 投影变换

| 换面法 | 班级 | 姓名 | 学号 |

3. 求线段AB的实长和倾角α、β。

4. 已知等腰直角△ABC的倾角α=45°，AB是其一条直角边，试补全△ABC的投影。

第5章 投影变换

换面法		班级	姓名	学号

5. 已知两平行直线AB、CD的间距等于20mm，求cd。

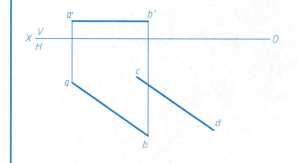

6. 已知直线AB平行于△DEF，AB与△DEF的距离为10mm，求ab。

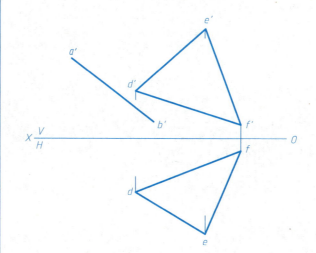

第5章 投影变换

换面法 | 班级 | 姓名 | 学号

7. 求△ABC的实形。

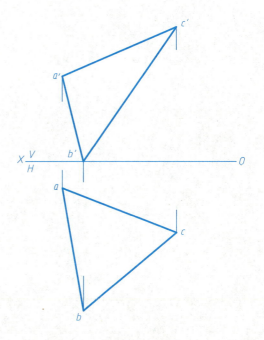

8. 求两平行线AB、CD之间的距离。

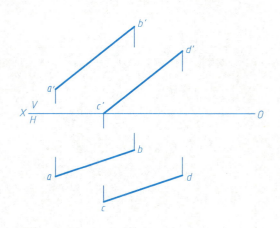

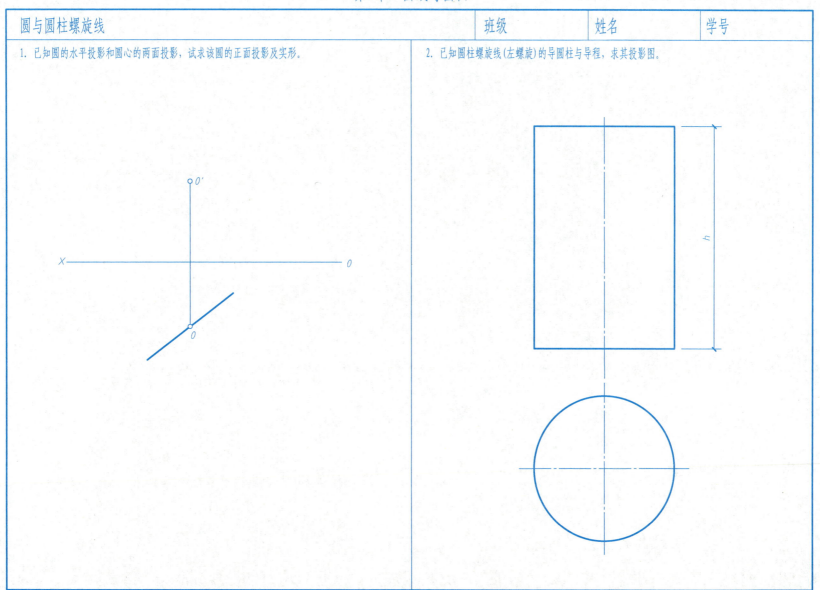

第6章 曲线与曲面

回转面及其表面上的点与线　　　班级　　　姓名　　　学号

1. 补全回转体表面上各点的另外两面投影。

(1)

(2)

(3)

(4)

第6章 曲线与曲面

| 回转面及其表面上的点与线 | 班级 | 姓名 | 学号 |

2. 补全回转体表面上各线段的另外两面投影。

(1)

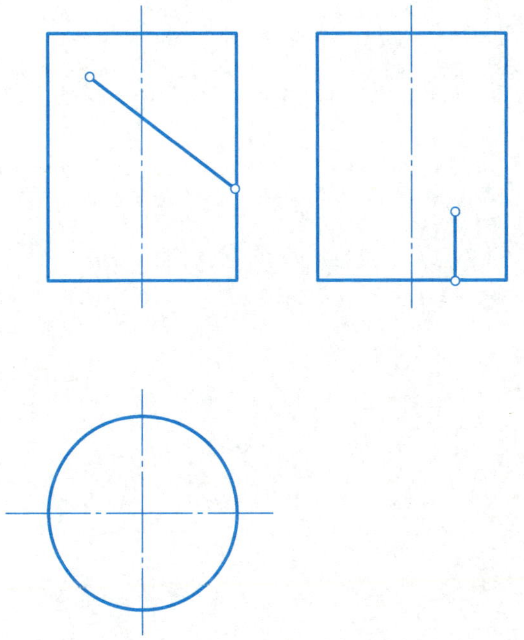

(2)

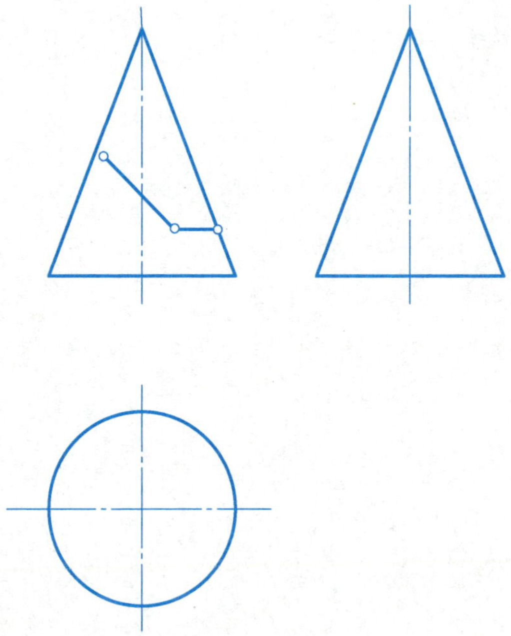

第6章 曲线与曲面

| 非回转直纹曲面 | 班级 | 姓名 | 学号 |

1. 已知锥状面的导线是 AB、CD，导平面是 W 面，试求其 V 面、H 面、W 面的投影。

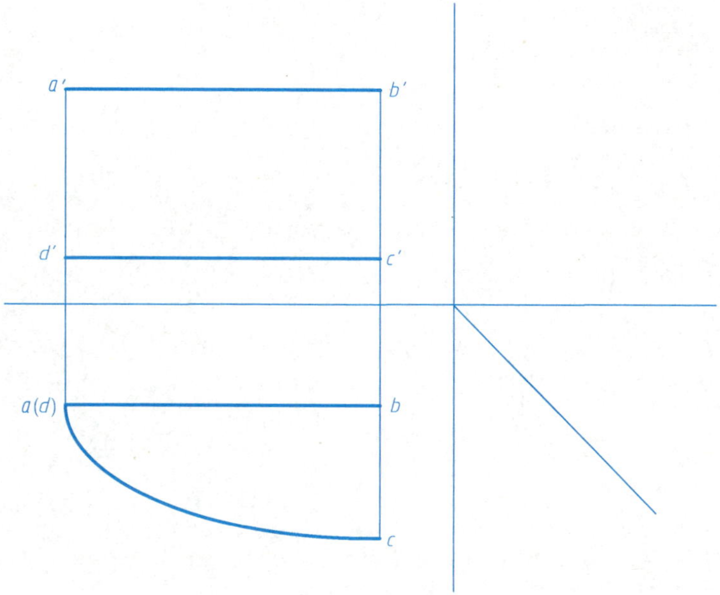

2. 图示拱门的拱顶是以水平面为导平面，以半圆和半椭圆为曲导线形成柱状面，试求曲面上素线的 V 面，H 面的投影及拱门的侧面投影。

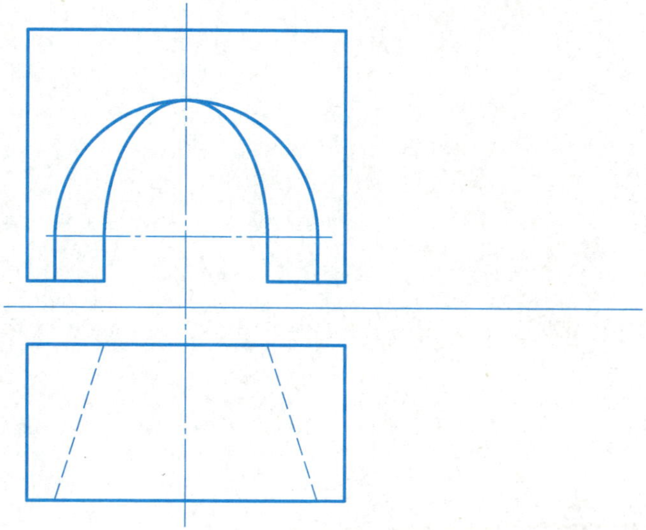

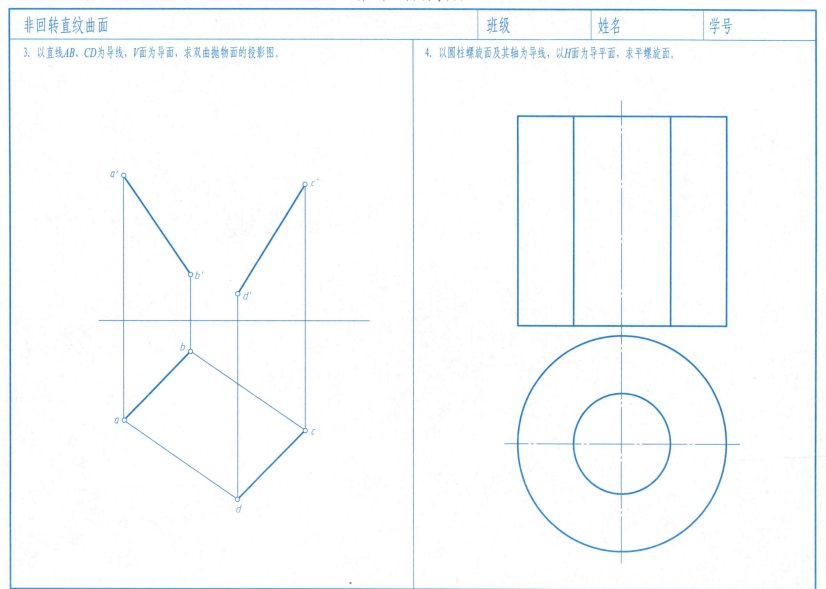

第7章 截交线与相贯线

| 截交线 | | 班级 | 姓名 | 学号 |

1. 求三棱锥被平面R截断后的H面投影。

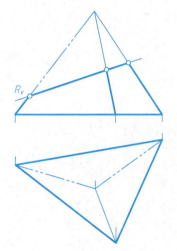

2. 求四棱锥被截切后的三面投影。

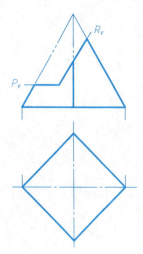

第7章 截交线与相贯线

| 截交线 | 班级 | 姓名 | 学号 |

3. 求六棱柱被P平面截断后的三面投影。

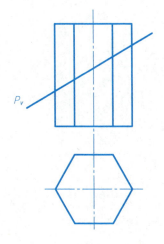

4. 求四棱台缺口的H、W投影。

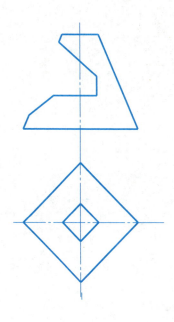

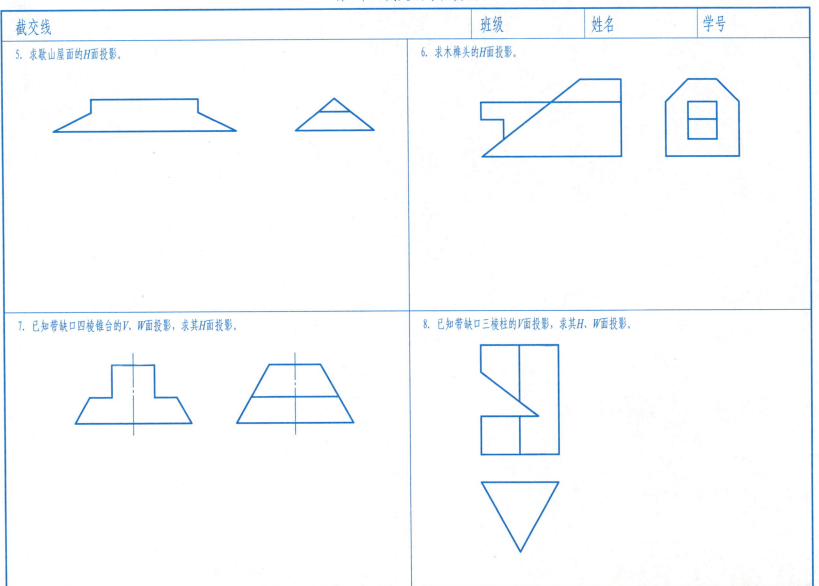

第7章 截交线与相贯线

| 截交线 | | 班级 | 姓名 | 学号 |

9. 已知斜切圆柱的 H、V 面投影，请绘出 W 面投影。

10. 求圆柱截切后的三面投影。

11. 求圆柱截切后的三面投影。

12. 求圆柱截切后的三面投影。

第7章 截交线与相贯线

截交线	班级　　　姓名　　　学号

13. 求圆锥截切后的三面投影。

14. 求圆锥截切后的三面投影。

15. 求圆锥截切后的三面投影。

16. 求圆锥截切后的三面投影。

第7章 截交线与相贯线

| 截交线 | 班级　　　　姓名　　　　学号 |

17. 求球体截切后的三面投影。

18. 求球体截切后的三面投影。

19. 求球壳屋面的三面投影。

20. 求带通孔球的投影。

第7章 截交线与相贯线

相贯线	班级　　　姓名　　　学号
1. 已知两三棱柱相贯，求相贯线。	2. 求六棱锥与四棱柱的表面交线。

第7章 截交线与相贯线

| 相贯线 | 班级 | 姓名 | 学号 |

3. 已知三棱锥与三棱柱相贯，请完成相贯体的投影。

4. 求贯通孔的三面投影。

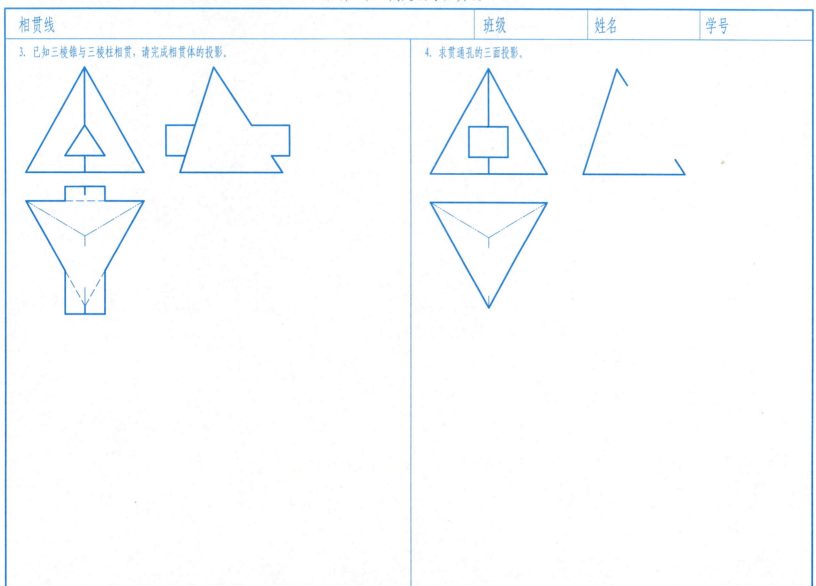

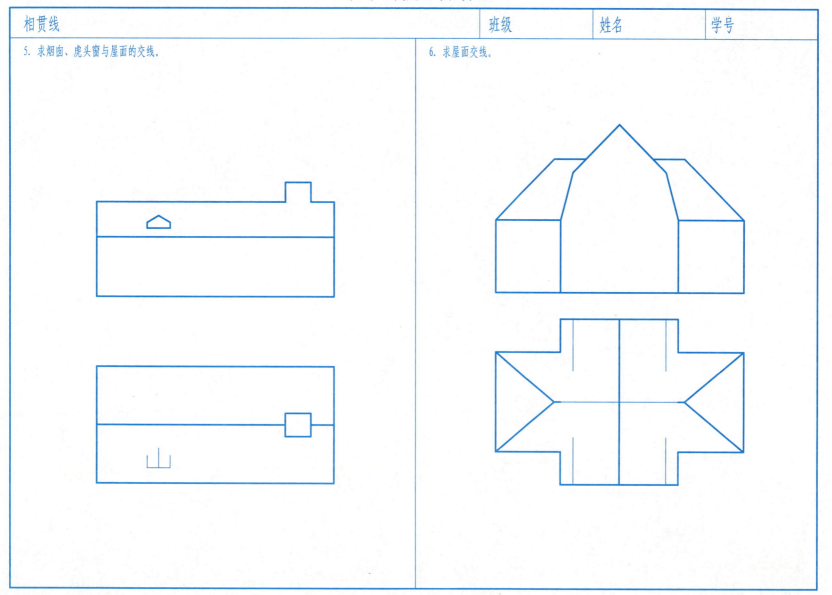

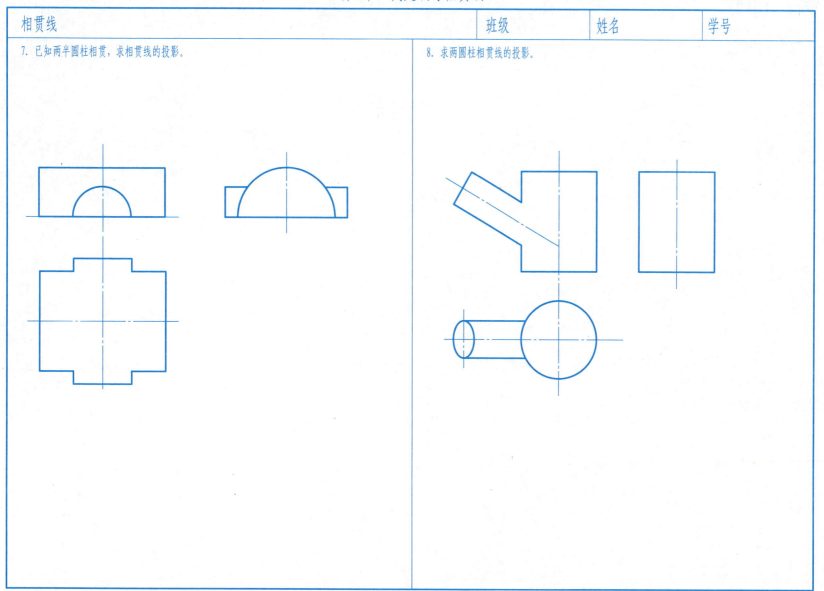

第7章 截交线与相贯线

| 相贯线 | | 班级 | 姓名 | 学号 |

9. 求三棱柱与圆柱相贯后的V面投影。

10. 求四棱柱与圆锥相贯后的V、W面投影。

第8章 轴测投影

| 轴测投影 | 班级　　　姓名　　　学号 |

1. 求下列各形体的正等轴测图。

(1)

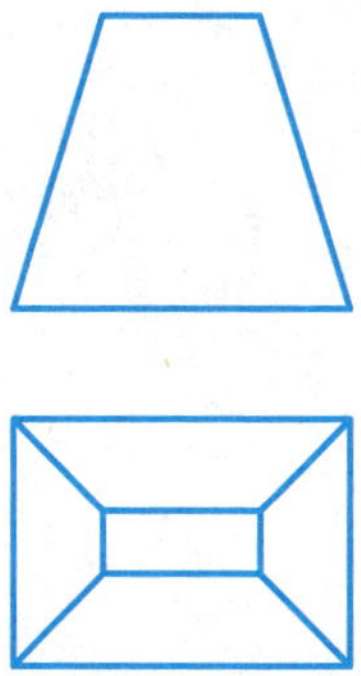

(2)

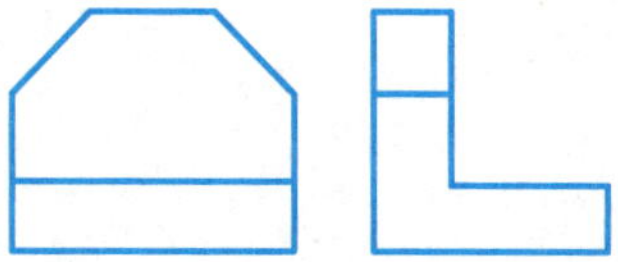

(3)

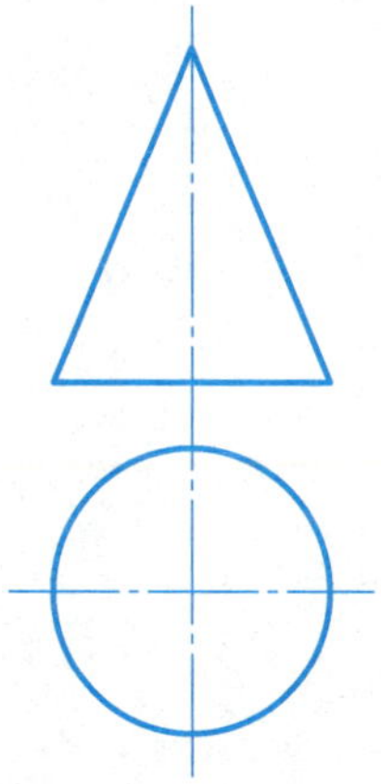

(4)

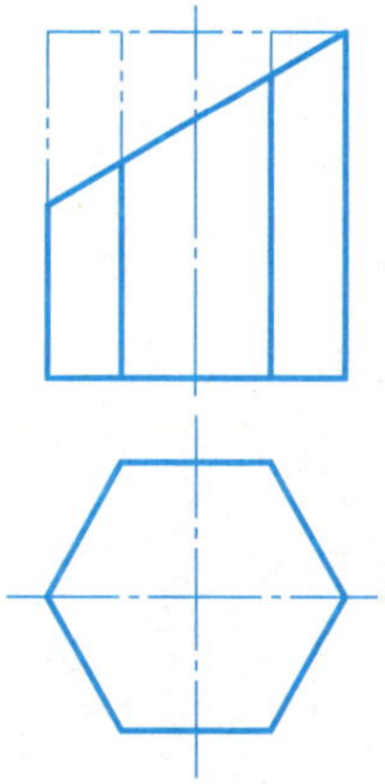

第8章 轴测投影

| 轴测投影 | 班级 | 姓名 | 学号 |

(5)

(6)

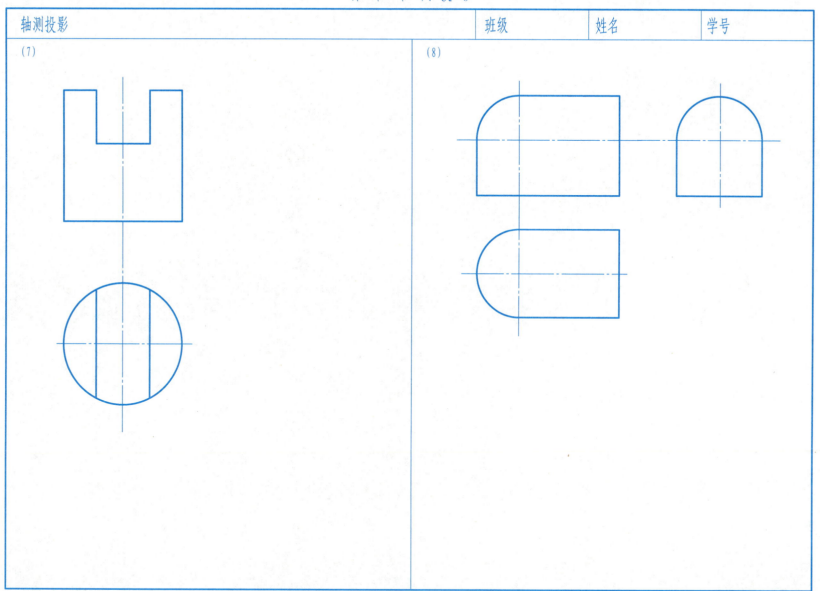

第8章 轴测投影

| 轴测投影 | 班级 | 姓名 | 学号 |

2. 求下列各形体的正面斜二轴测图(或自选种类)。

(1)

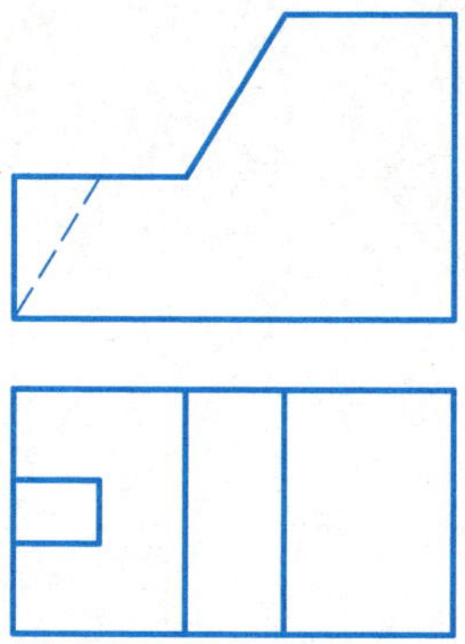

(2)

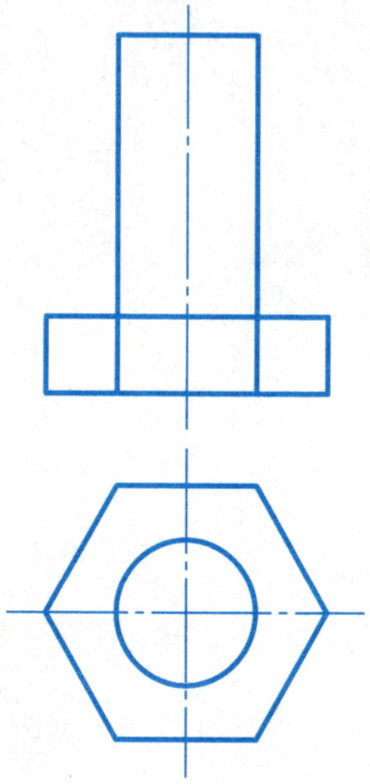

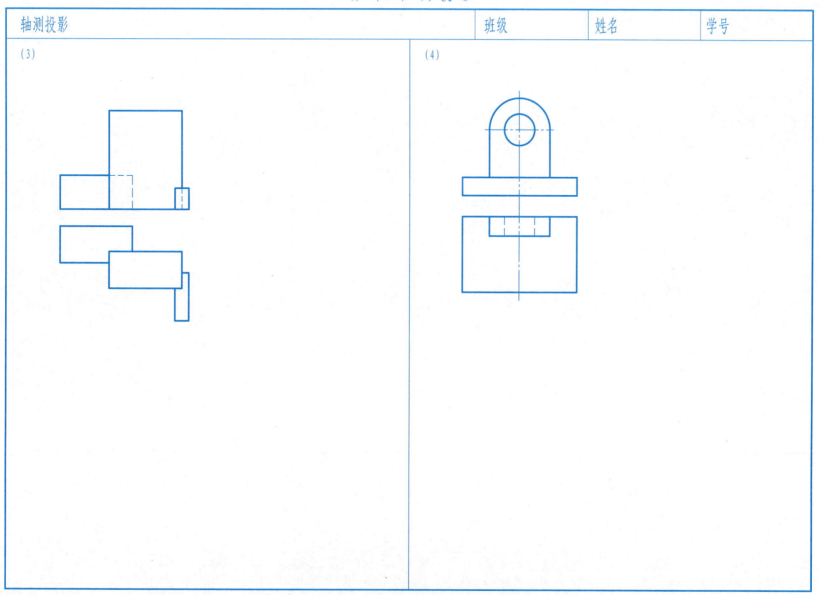

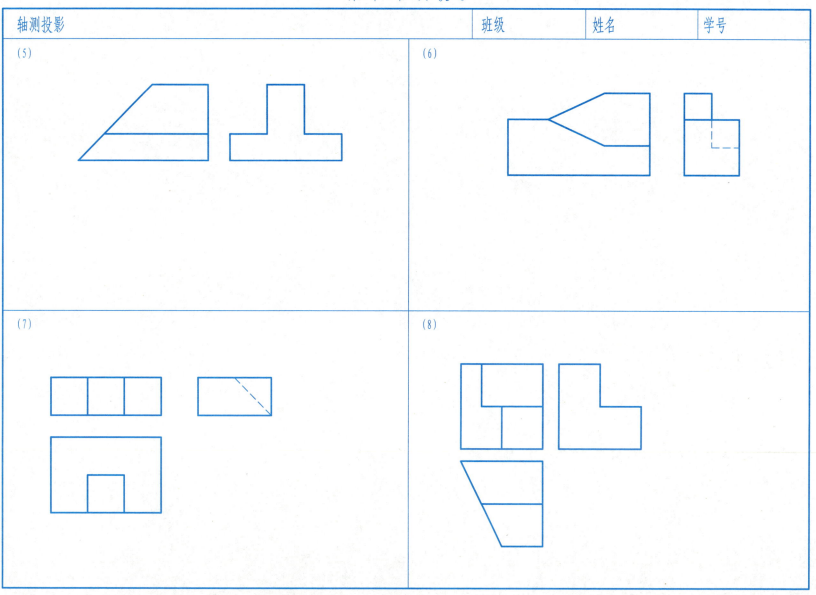

第8章 轴测投影

| 轴测投影 | 班级 | 姓名 | 学号 |

(9)

(10)

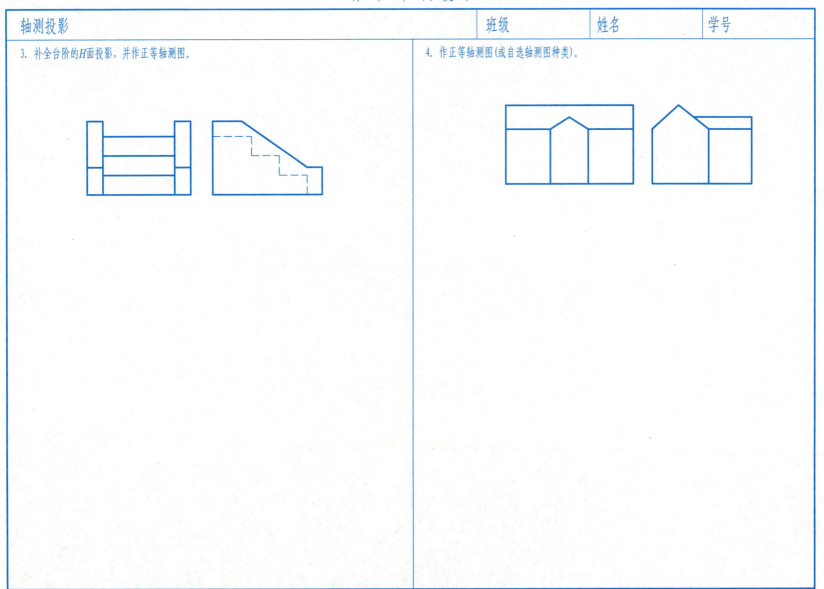

第9章 组 合 体

| 组合体 | | 班级　　　　　姓名　　　　　学号 |

1. 补全下列基本形体的第三面投影图。

(1)

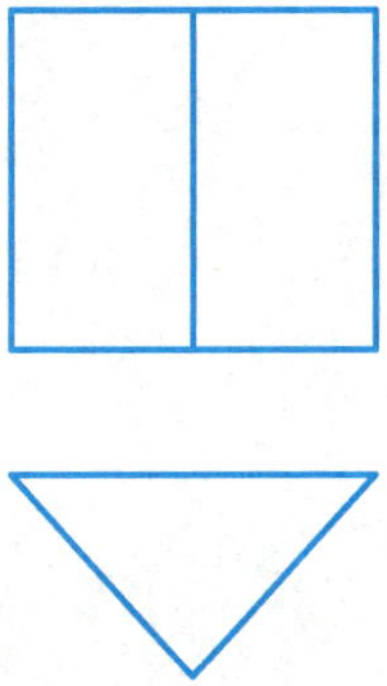

(2)

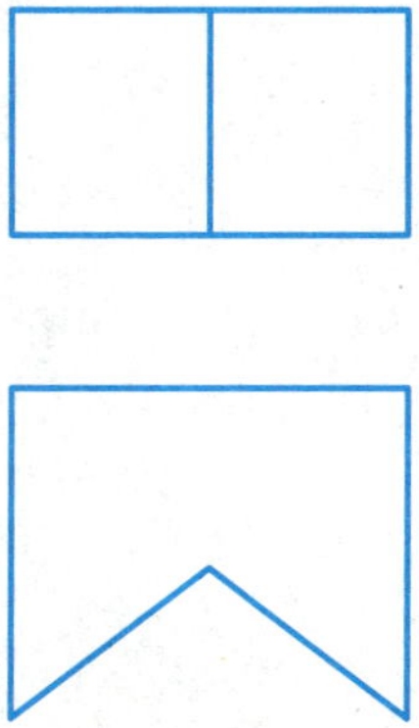

(3)

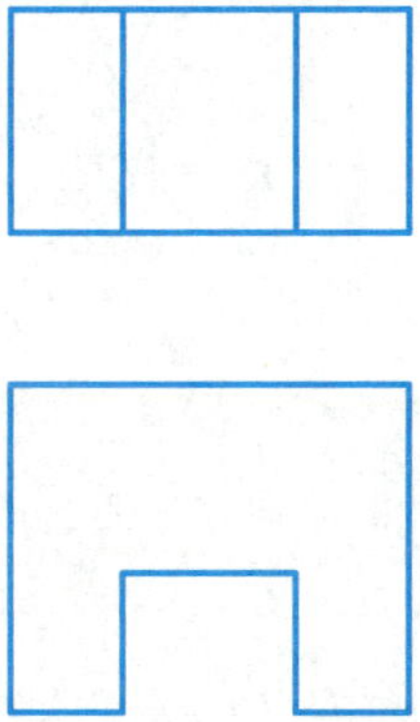

(4)

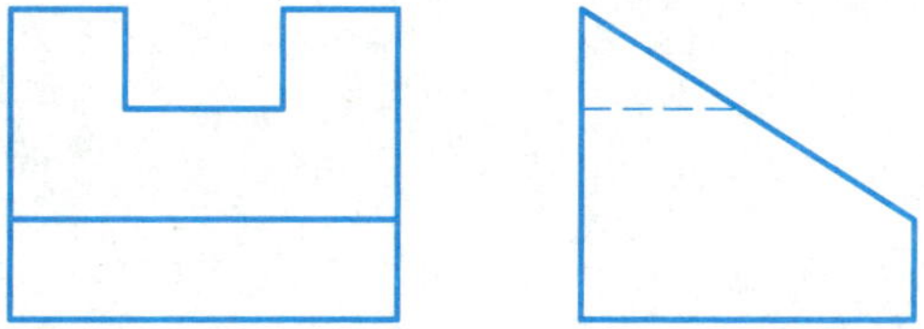

141

第9章 组合体

| 组合体 | 班级 | 姓名 | 学号 |

2. 补全下列基本形体的第三面投影图。

(1)

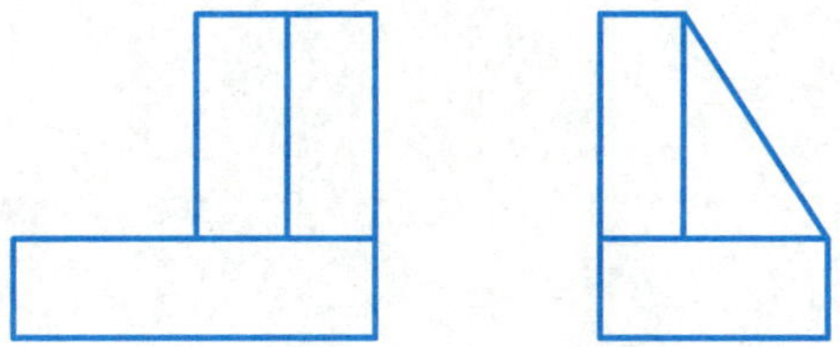

(2)

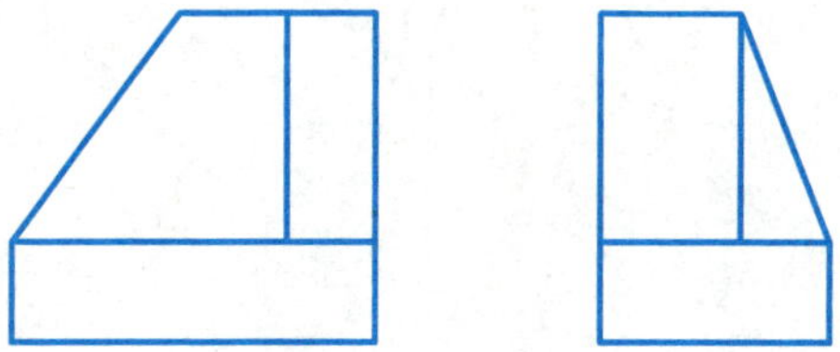

(3)

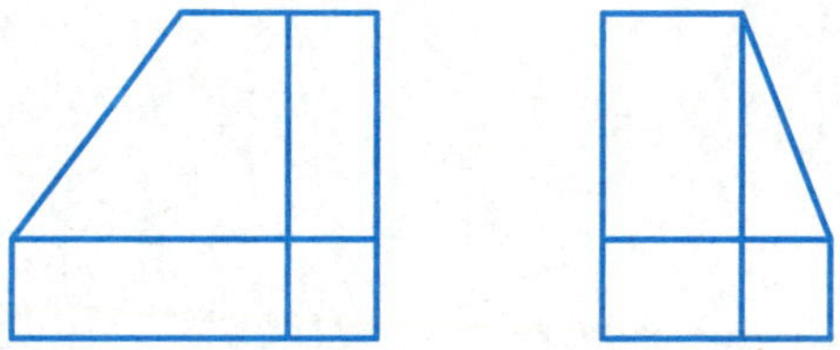

(4)

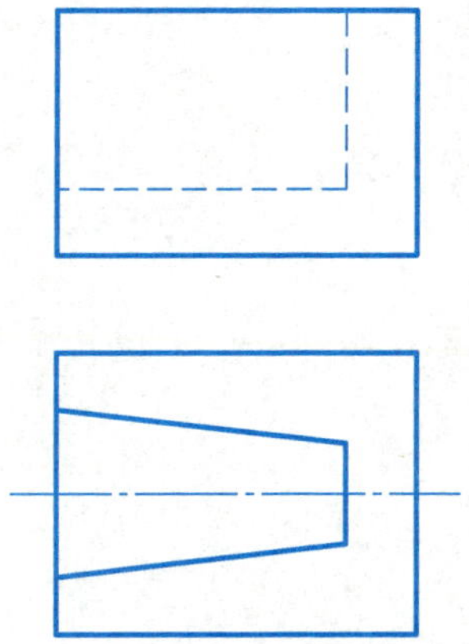

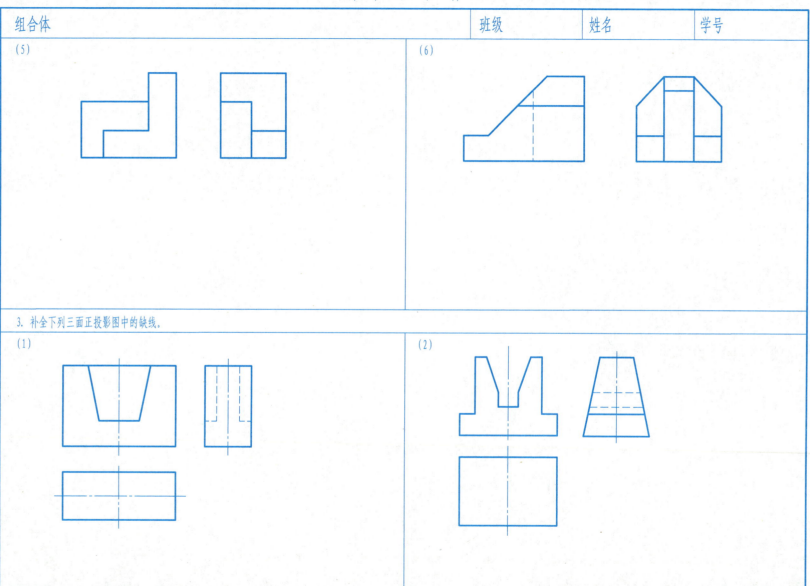

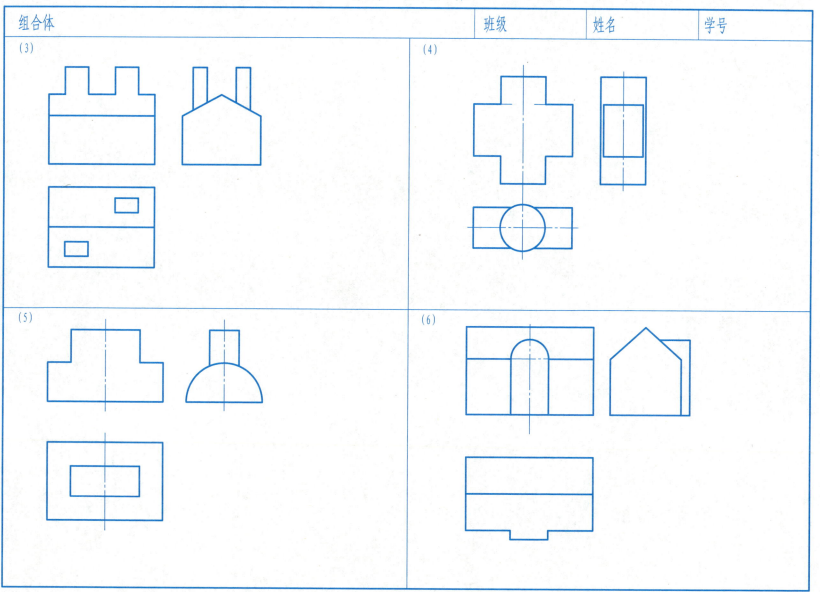

第9章 组合体

| 组合体 | 班级　　　　姓名　　　　学号 |

4. 根据给定的两面投影，想象出不同形状的物体，并分别求其第三面投影图。

(1)

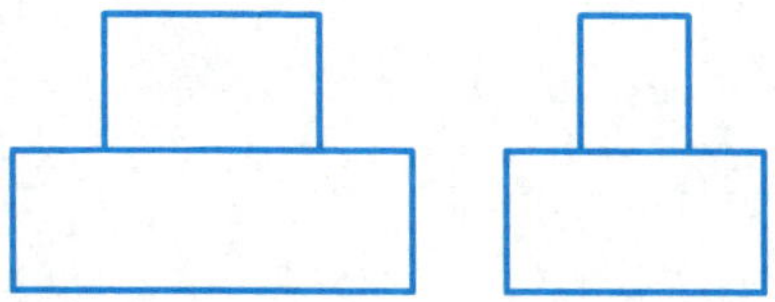

(2)

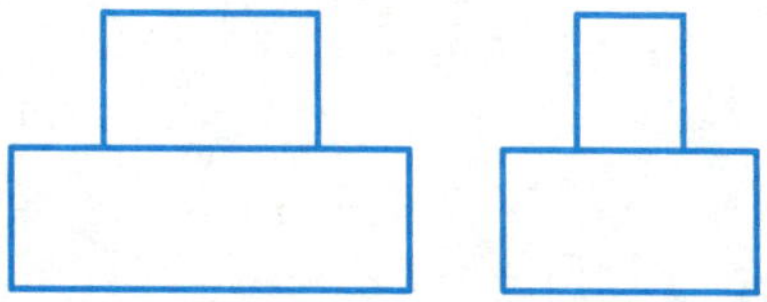

(3)

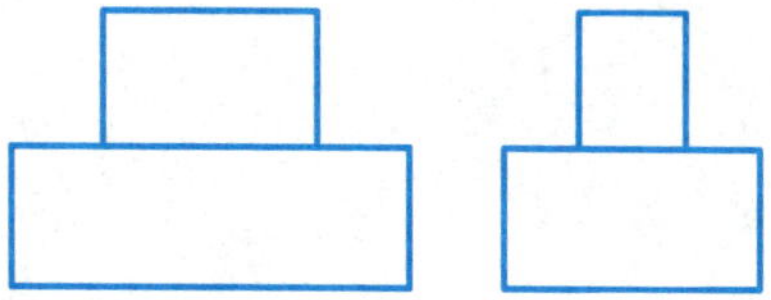

(4)

(5)

(6)

第10章 工程形体的表达方法

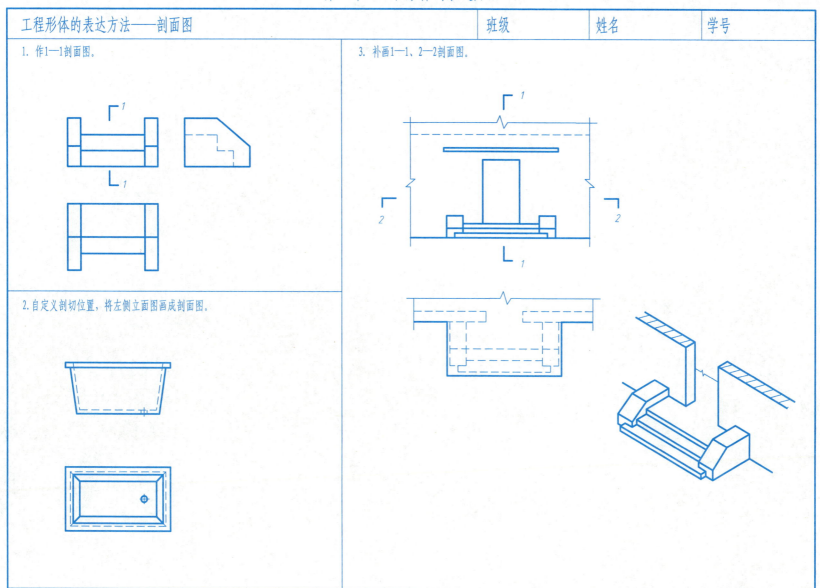

第10章 工程形体的表达方法

| 工程形体的表达方法——剖面图 | 班级 | 姓名 | 学号 |

4. 补全H面投影，并将V、H投影改作半剖面图。

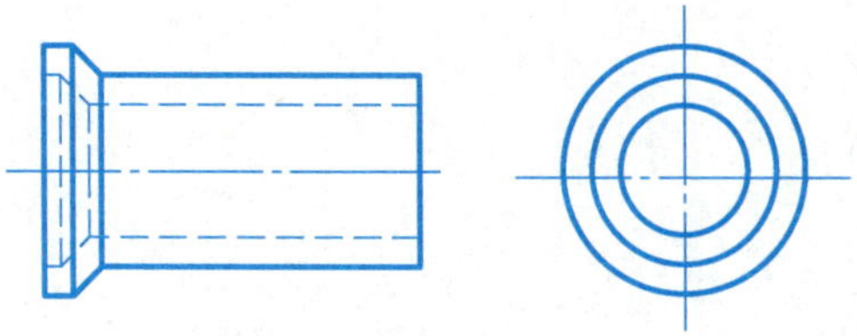

5. 补全形体的W投影，并将V、W投影改作半剖面图。

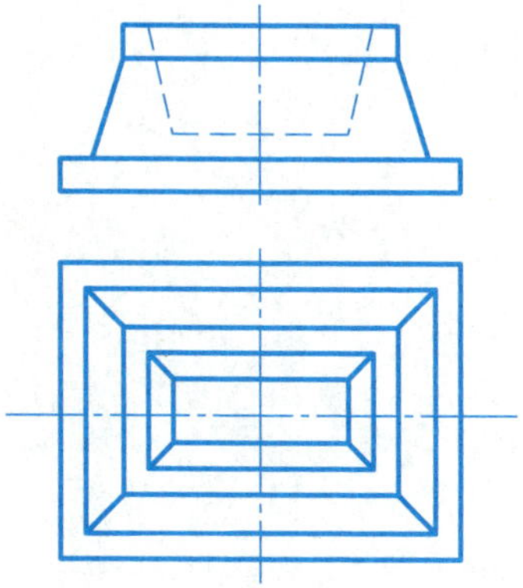

6. 将下图H面投影改画成半剖面图。

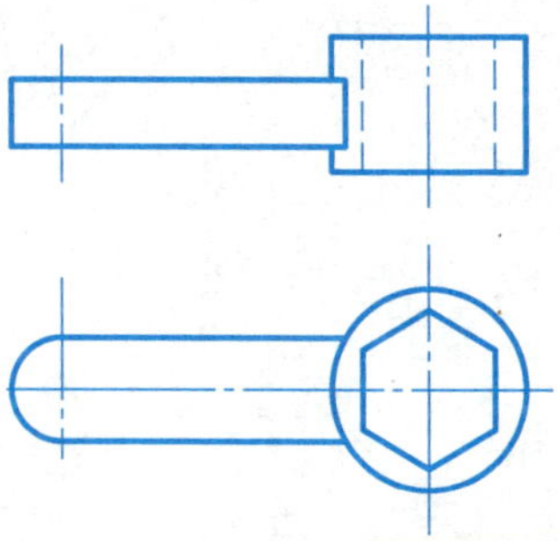

7. 将下图H面投影改画成半剖面图。

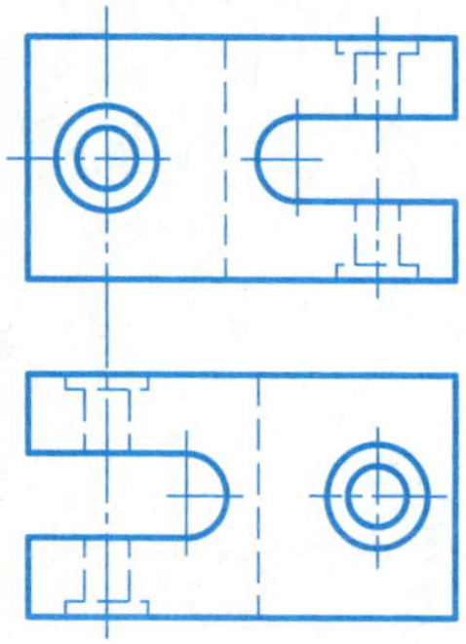

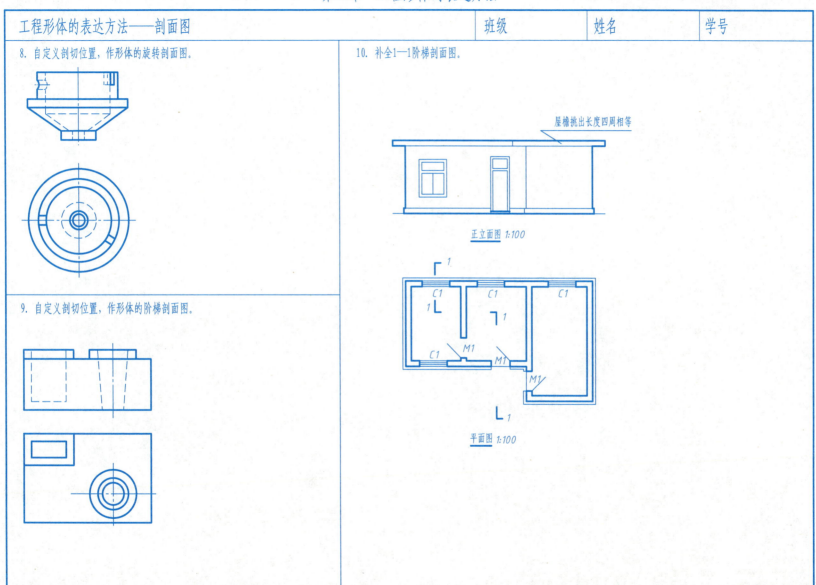

第10章 工程形体的表达方法

| 工程形体的表达方法——断面图 | 班级 | 姓名 | 学号 |

11. 作1—1、2—2、3—3断面图。

12. 作1—1、2—2、3—3断面图。

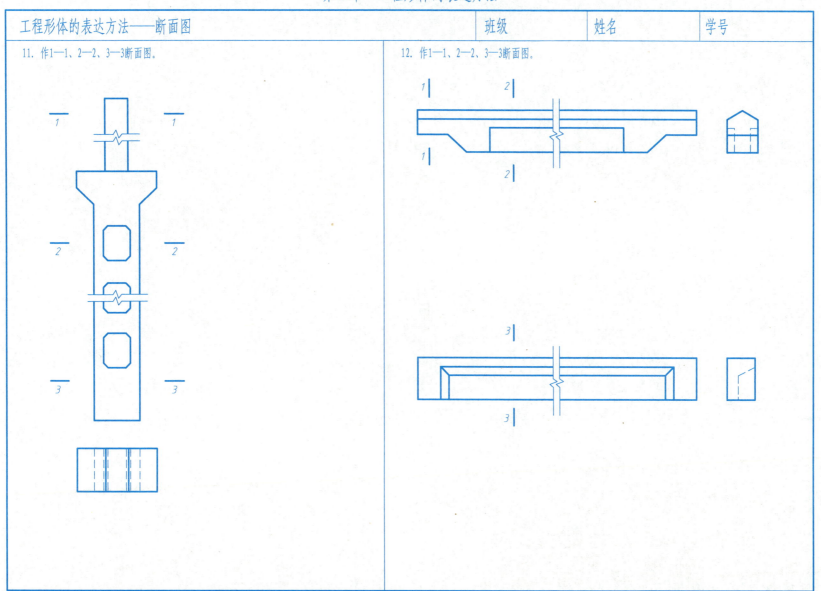

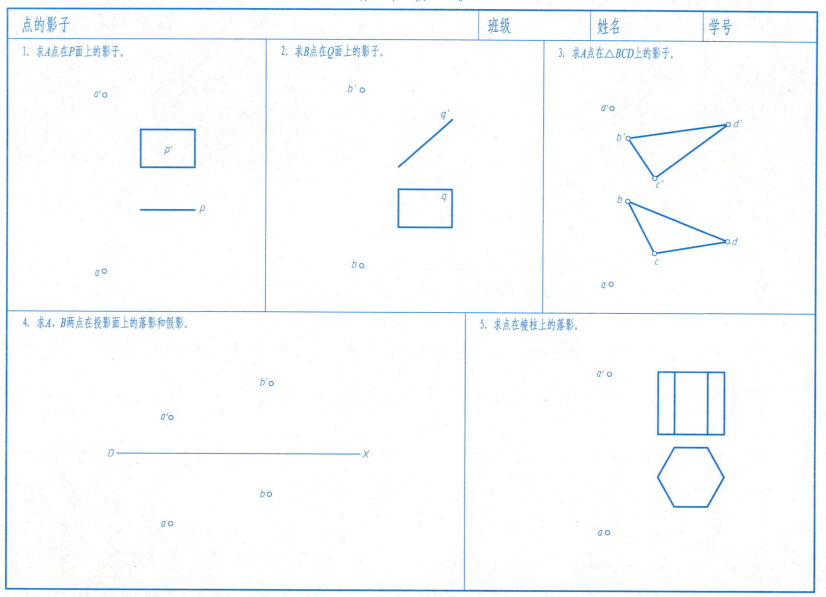

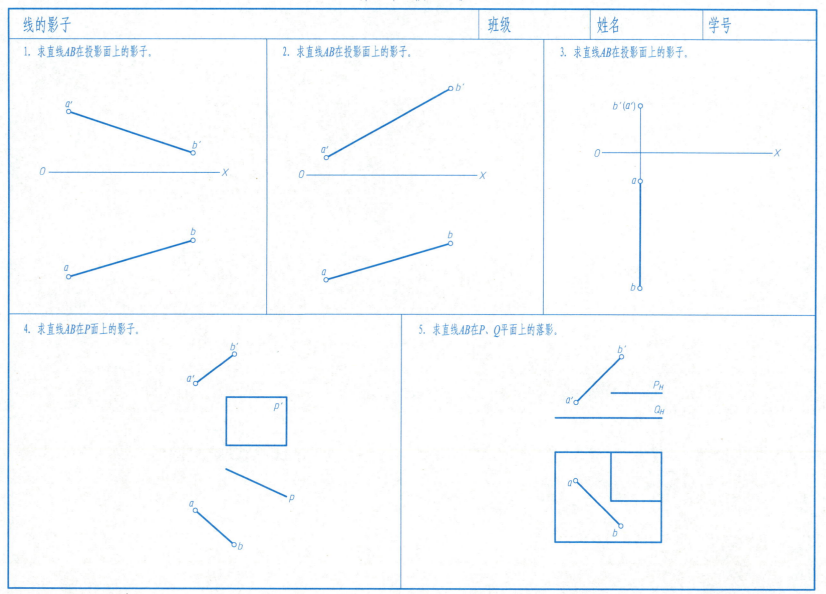

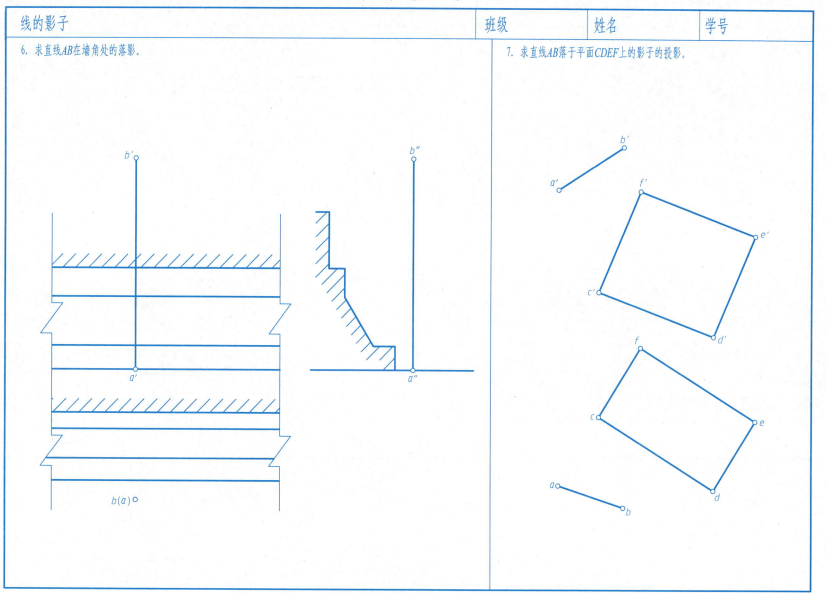

第11章 阴 影

| 平面的影子 | 班级 | 姓名 | 学号 |

1. 求矩形ABCD落于投影面上的影子。

2. 求矩形ABCD落于投影面上的影子。

3. 求三角形ABC落于投影面上的影子。

4. 求三角形ABC落于P面上的影子。

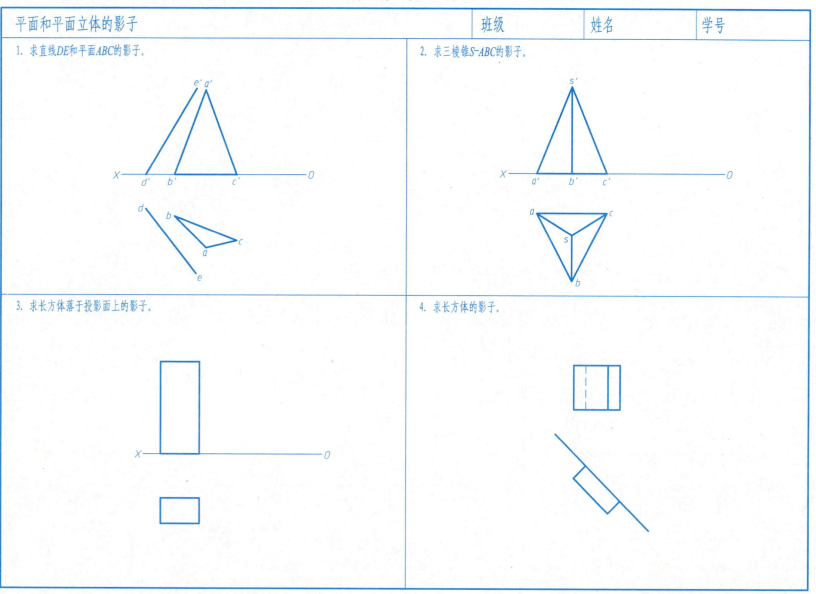

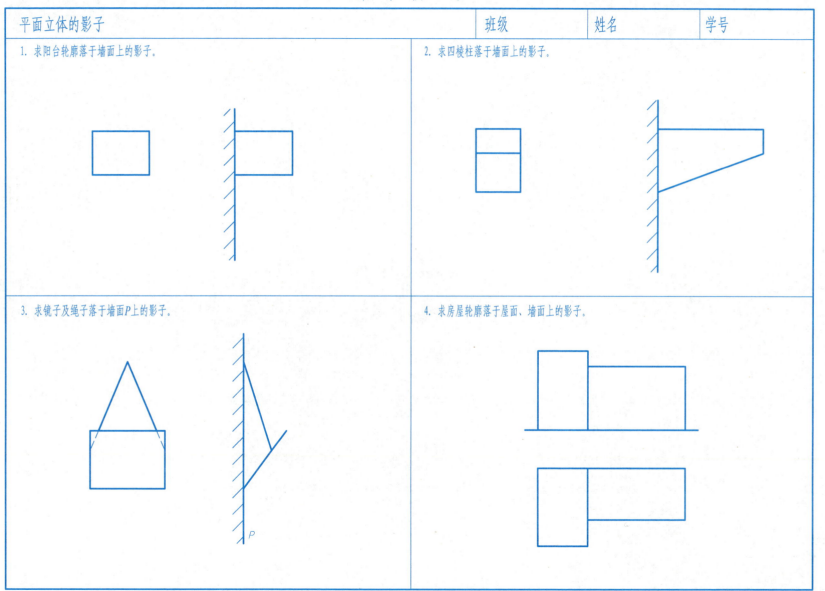

第11章 阴　影

平面立体的影子	班级　　　姓名　　　学号
5. 求四棱柱的阴影。	6. 求四棱台的阴影。

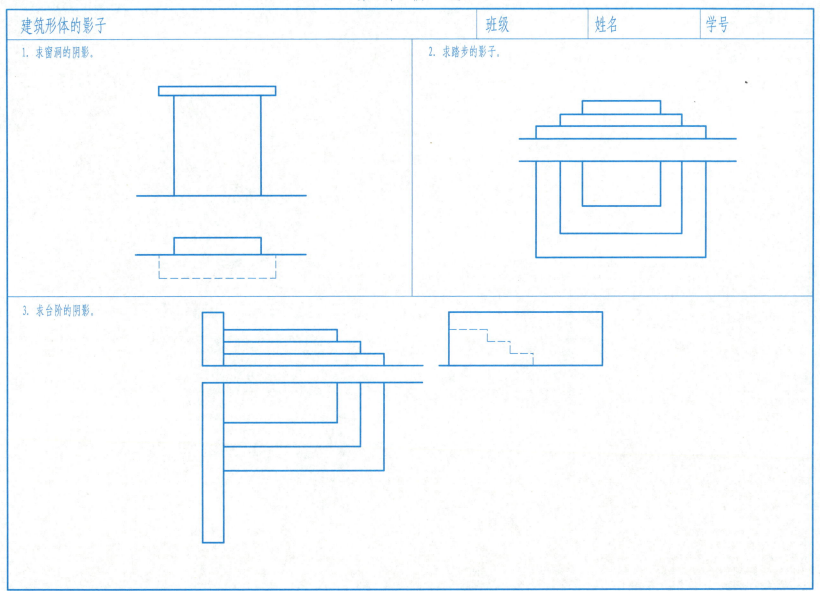

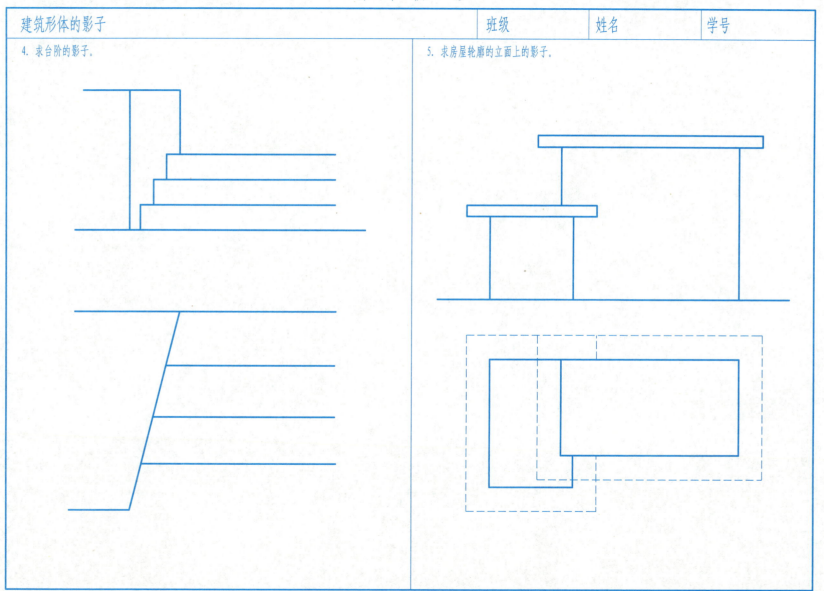

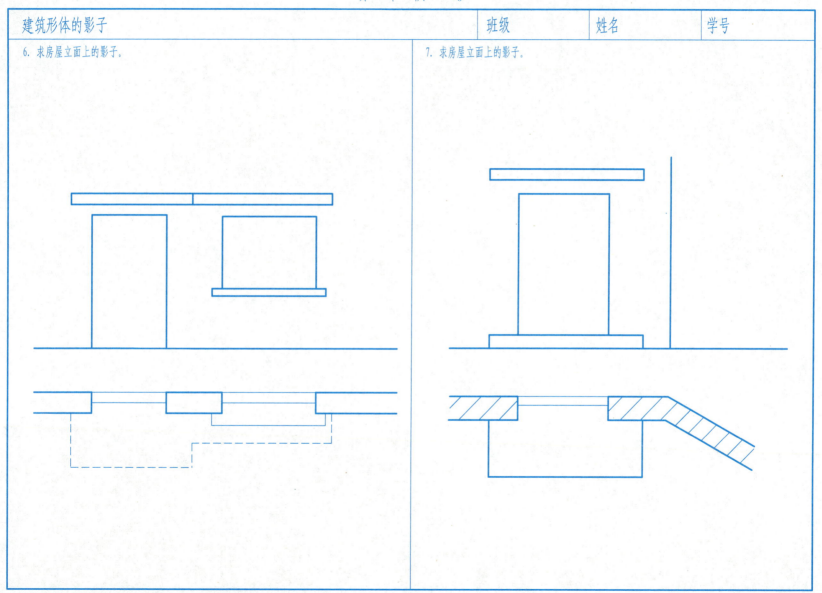

第11章 阴 影

| 建筑形体的影子 | 班级 | 姓名 | 学号 |

8. 求房屋轮廓在地面及立面上的影子。

9. 求房屋轮廓立面上的影子。

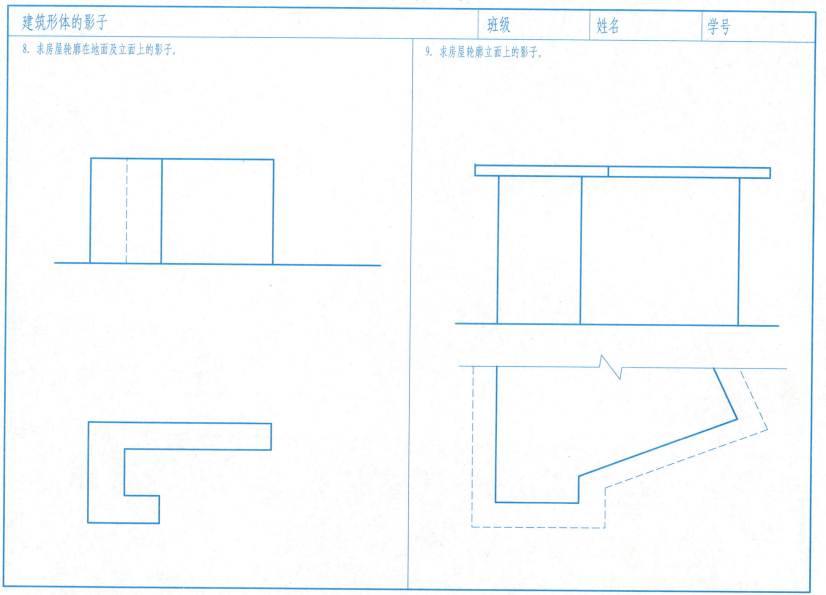

179

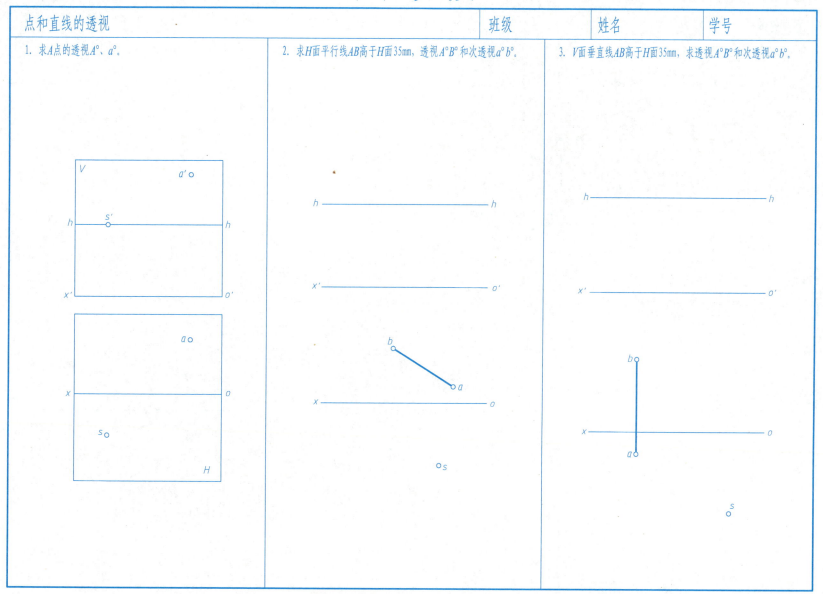

第12章 透视投影

| 直线的透视 | | 班级　　　　姓名　　　　学号 |

1. 求H面上直线AB的透视A°B°、a°b°。

2. 求H面平行线AB高于H面35mm，求透视A°B°和次透视a°b°。

3. 已知高度为40mm的A点的次透视a°，求透视A°。

第12章 透视投影

| 直线的透视 | 班级 | 姓名 | 学号 |

4. 已知直线 AB，上端 A 点高于 H 面 35mm，倾角为 30°，求透视 $A°B°$ 和次透视 $a°b°$。

(a)

(b)

第12章 透视投影

| 平面和平面立体的透视 | 班级 | 姓名 | 学号 |

1. 作H面上方格网的透视。

2. 求底面位于H面上的正四棱锥的透视,锥高为30mm。

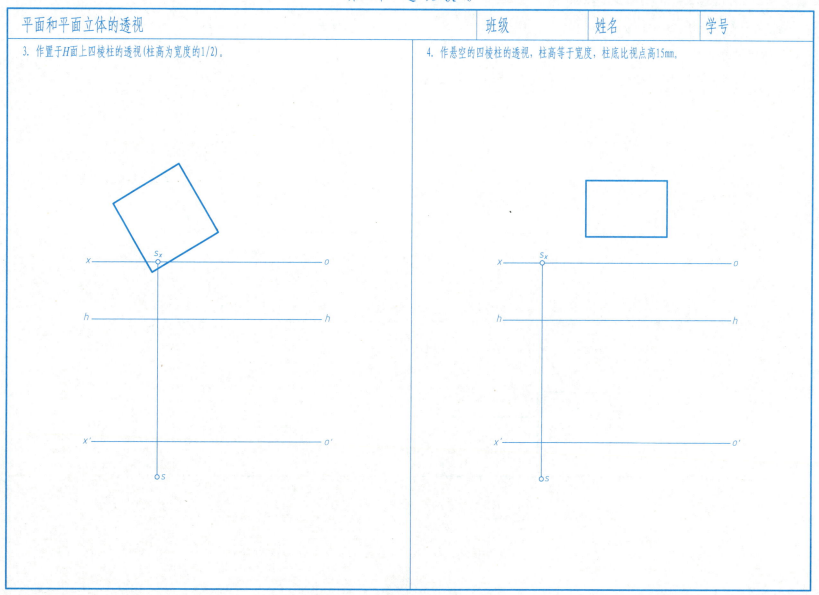

第12章 透视投影

| 平面立体的透视 | 班级 | 姓名 | 学号 |

1. 作房屋轮廓的透视。

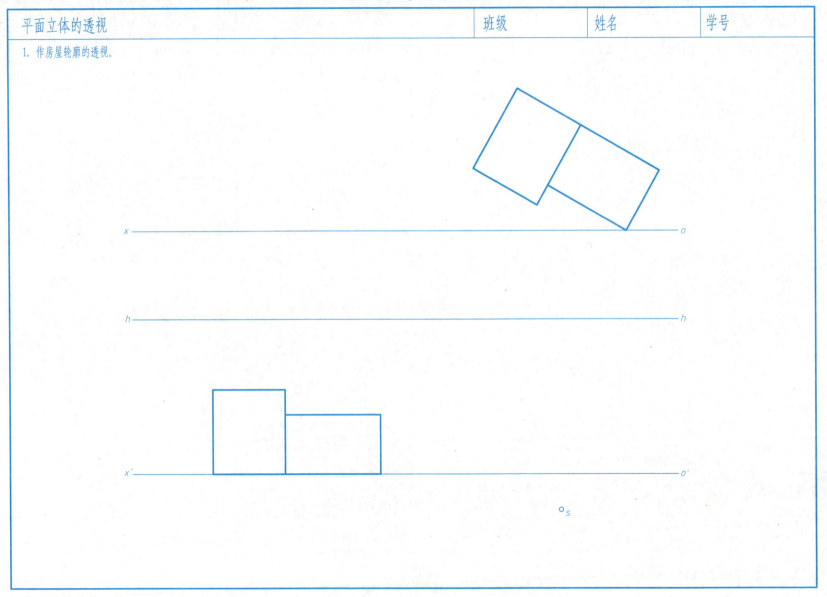

第12章 透视投影

| 平面立体的透视 | 班级 | 姓名 | 学号 |

2. 作纪念碑的透视。

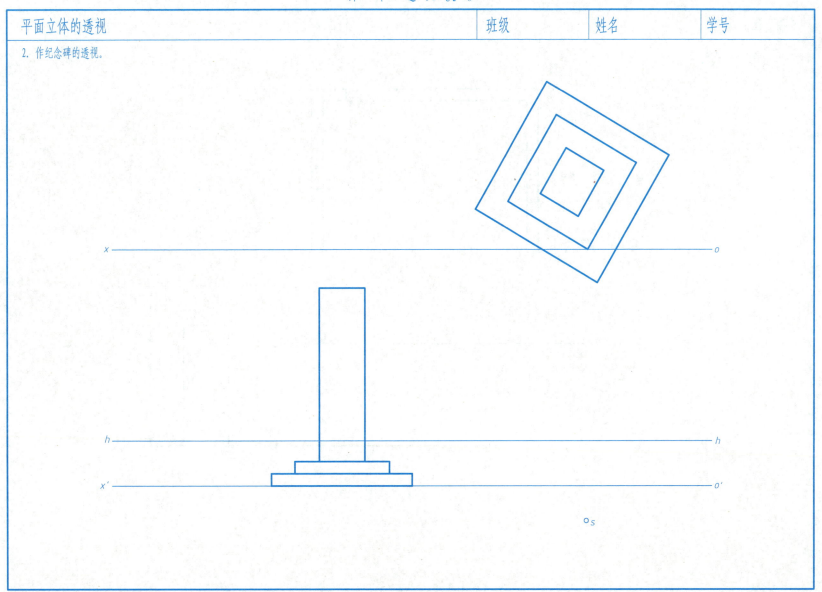

187

第12章 透视投影

| 平面立体的透视 | 班级 | 姓名 | 学号 |

3. 作一房屋的室内透视。

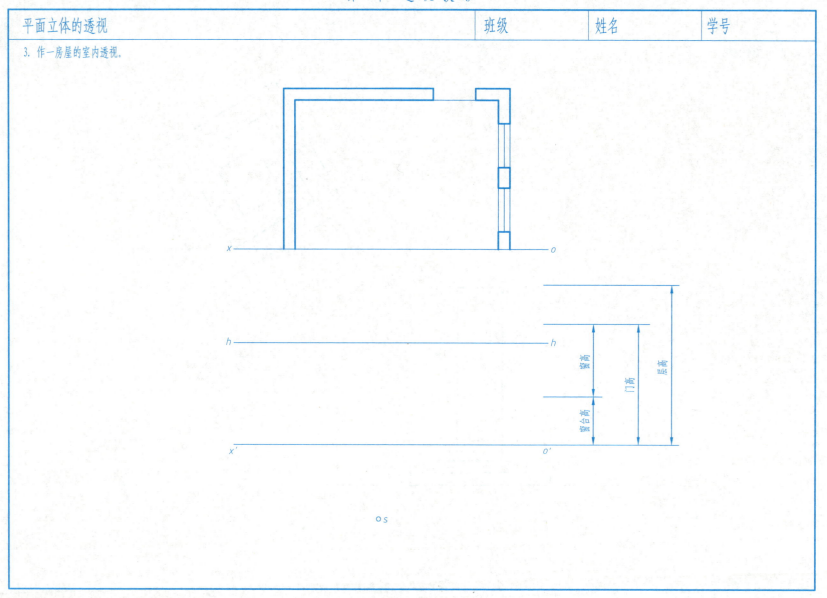

第12章 透视投影

平面立体的透视 | 班级 | 姓名 | 学号

4. 作平屋面房屋轮廓的透视。

第12章 透视投影

| 网格法作透视 | 班级 | 姓名 | 学号 |

1. 作一房屋轮廓的透视。

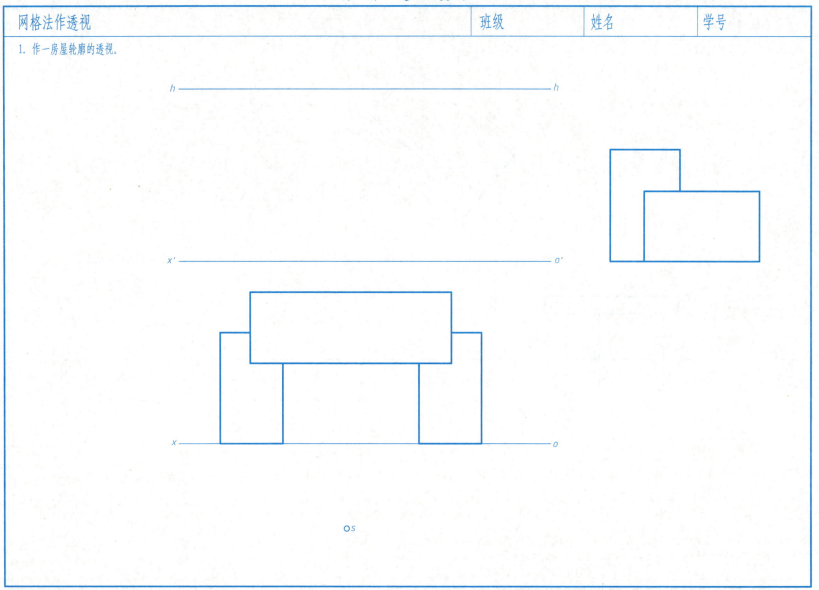

第12章 透视投影

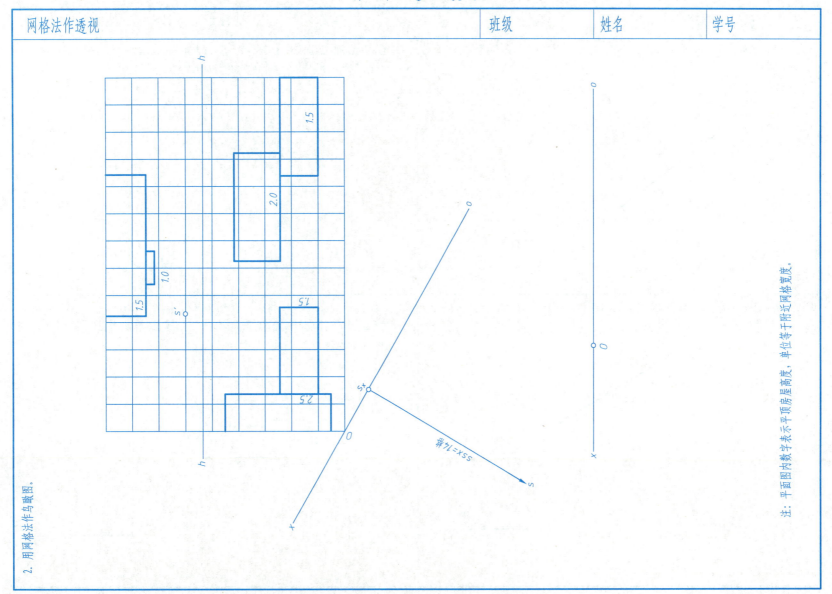

第13章 标高投影

直线和平面的标高投影   班级   姓名   学号

1. 已知直线 AB 的标高投影，求 AB 对水平面的夹角、实长、坡度平距，并在 AB 的标高投影上作出刻度。

2. 已知直线 AB 的端点 A，下降方向和坡度，另一端点 B 的高程为 12m，在线段 AB 上有一点 C，与端点 A 的水平距离为 6m，求直线 AB 和点 C 的标高投影。

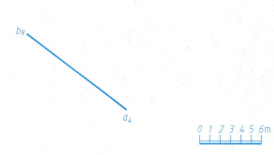

3. 已知平面 P 由直线 AB 和点 C 确定，求平面 P 上的等高线，平面 P 和 H 面的倾角，平面 P 的坡度和坡度比例尺。

4. 在高程为"0"的地面上挖一基坑，右端有从地面下来的一条斜引道，已知坑底和一段斜引道的标高投影，斜引道路面的坡度，各边坡的坡度。求各坡面、斜引道路面和地面的交线，坡面和坡面的交线，并补全斜引道路面(坑底标高为0)。

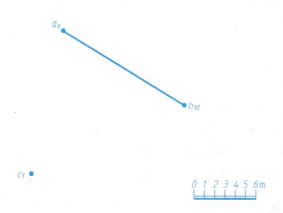
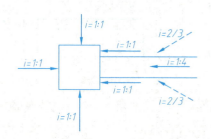

第13章 标 高 投 影

| 曲线与曲面的标高投影 | 班级　　　姓名　　　学号 |

1. 已知在标高为零的地面上有一圆锥面，锥顶为a_4，坡度为1:1，求它与地面的交线和其间的等高线。

2. 已知圆台顶面、地面和斜引道顶面的标高投影，平台坡面的坡度为2:3，斜引道两侧坡度为1:1，求坡面与地面、坡面与坡面的交线。

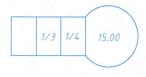

3. 管道从A至B点，求管道与地面的交点的标高投影，并将管道投影画出，判断可见性。

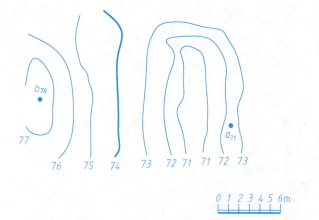

4. 在地面上挖一基坑，已知基坑地面的高程和基坑北坡的底边，北坡的坡度是1:1，求在折断线以内的北坡与地面的交线。

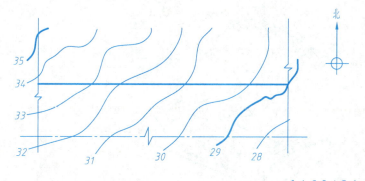

第13章 标高投影

坡角线与坡边线

| 班级 | 姓名 | 学号 |

1. 在河道上填筑一道马道，已知地形图上的坝轴线和坝的标准断面，作出这道土坝的标高投影，包括作出所有坡角线（示意图供参考，地形图上的标高为45m的等高线可按内插法目估画出）。

2. 已知带有弯道的斜坡道和地形图的标高投影，填方坡度为1:2，挖方坡度为1:5，求坡边线。

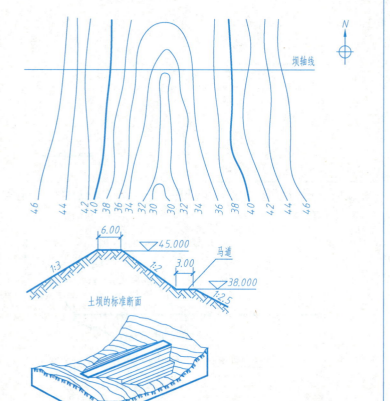

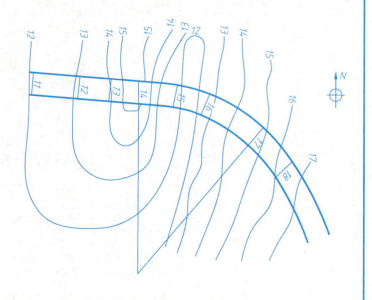

第14章 建筑施工图

图纸目录、建筑设计总说明	班级	姓名	学号

阅读别墅建筑施工图、结构施工图及给水排水施工图，在阅读理解的基础上，抄绘施工图。

图纸目录

序号	图号	图 名
		建筑施工图
1	14-1	图纸目录、建筑设计说明
2	14-2	门窗表、地下室平面图
3	14-3	一层平面图
4	14-4	平面节点详图
5	14-5	二层平面图
6	14-6	三层平面图
7	14-7	屋顶排水平面图
8	14-8	Ⓐ~Ⓕ轴立面图、Ⓕ~Ⓐ轴立面图
9	14-9	①~⑤轴立面图、⑤~①轴立面图
10	14-10	1—1剖面图、2—2剖面图
11	14-11	墙身节点大样图
12	14-12	楼梯详图
		结构施工图
13	15-1	基础平面图及基础详图
14	15-2	地下室顶板结构平面图
15	15-3	一层顶板结构平面图
16	15-4	二层顶板结构平面图
17	15-5	楼梯结构布置图
		给水排水施工图
18	16-1	给水排水设计说明
19	16-2	一层给水排水平面图
20	16-3	二层给水排水平面图

建筑设计说明

分项	设计说明						
概述	工程名称	××市某山庄1、2#别墅					
	建设位置	本工程位于××路25km处。					
	设计标高	室内地面设计标高±0.000相当于测绘标高的222.400m。					
		室外地面设计标高-2.550相当于测绘标高的219.850m。					
设计依据	工程设计合同书及建设单位提供的设计要求，地质报告，国家及地方有关设计规范及标准						
工程概况	建筑面积	基底面积	层数	高度	耐久年限	体形系数	外墙窗墙比	气密性等级
	564m²	260.7m²	3层	11.8m²	50年	0.36	0.25	2级
设计范围	基地范围内的建筑，结构，给排水，采暖通风，电气						
人防	基础形式	结构体系	抗震烈度	耐火等级			
	独立基础	框架	7度	二级			
墙体	外墙		内墙	内隔墙			
	一~三层	390mm厚煤矸石空心砖墙外贴70mm厚苯板	200mm厚煤矸石空心砖墙	100mm厚煤矸石空心砖墙			
保温	屋面保温见节点图。						
防水工程	厨房、卫生间地面防水见室内做法表，地面以1%坡度坡向地漏。						
门窗	门窗制做必须核定洞口尺寸及数量，门窗安装必须按照操作规范执行。						
	门窗设计仅给洞口尺寸、材料及型式。塑钢窗框四周须用发泡材料填充。						
装饰	外墙粉饰见立面图，涂料采用新型防水涂料。室内装修见室内做法表。						
油漆工程	全部明露铁件均先刷防锈漆一遍，再刷调和漆两遍，全部木作刷油土三遍成活。						
	项 目	木门及门框	木材与砖墙相接处				
	油漆品种	调合漆三遍	防腐油两遍				
	颜色	透明色					
其他	本工程总平面图尺寸标高以m为单位，其他以mm为单位。						
	本设计施工图须经消防，规划和城建部门审批同意后方可按图施工。						
	墙体砌筑时须与水电专业配合施工，如配电箱与墙同厚则后面须挂钢板网抹灰。						
	雨篷等挑出部位须做滴水线，且要平直光洁。						
	本工程立面效果及装饰构件做法由甲方与施工单位按甲方认同的效果图商定，经设计院同意后方可施工。						
	凡本图中未加注释者均遵照国家现行有关规范、规程施工。						

第14章 建筑施工图

门窗表、地下室平面图　　班级　　姓名　　学号

门窗表

序号	编号	选用图集	图集型号	洞口尺寸 宽x高(mm)	门窗樘数(个) 地下室	一层	二层	三层	合计	备注
1	M-1			2500x2400	2				2	车库上翻门(保温)
2	M-2			1500x3000		1	1		2	三防门
3	M-3	吉J90-610	JMA0920-1	900x2100	1	2	4		7	木骨架夹板门高加100mm
4	M-4	吉J80-610	JMA0820-1	800x2100		2	2		4	木骨架夹板门高加100mm
5	M-5			2100x2100		1	1		2	单框双玻塑钢推拉门
6	M-6			1500x1900				1	1	保温门
7	M-7			1200x2100	1				10	
1	C-1			1500x2100		7	7		14	单框双玻塑钢平开窗 节点参见吉J93-770
2	C-2			1800x2100		2	2		4	同上
3	C-3			2400x2100		1	1		2	同上
4	C-4			1200x2100		1	1		2	同上
5	C-5			6000x6300			1		1	同上
6	C-6			1500x900		1			1	同上
7	C-7			1500x1800			1		1	同上
8	C-8			2400x1500	1				1	同上

注：门窗数量和规格应认真核对确定无误后方可施工。

地下室平面图 1:100

第14章 建筑施工图

一层平面图　　　　　　　　　　班级　　　　姓名　　　　学号

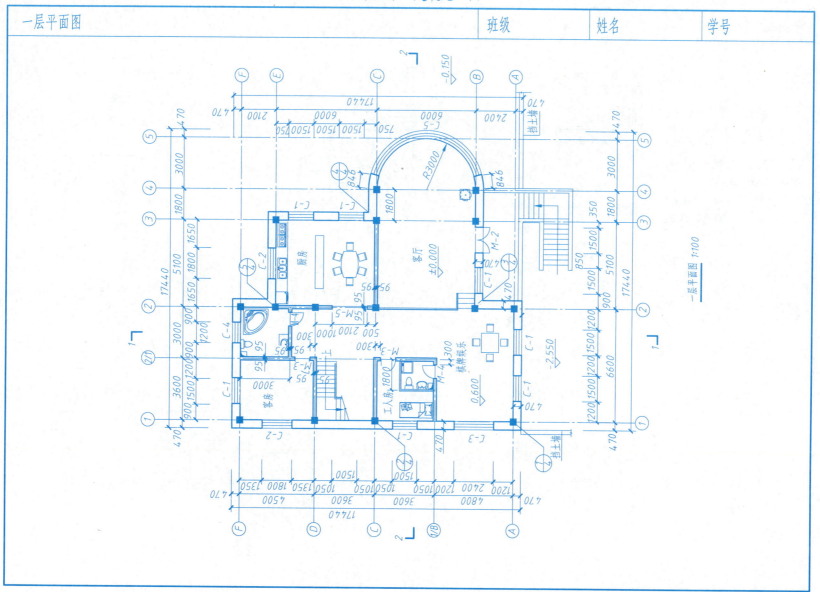

一层平面图 1:100

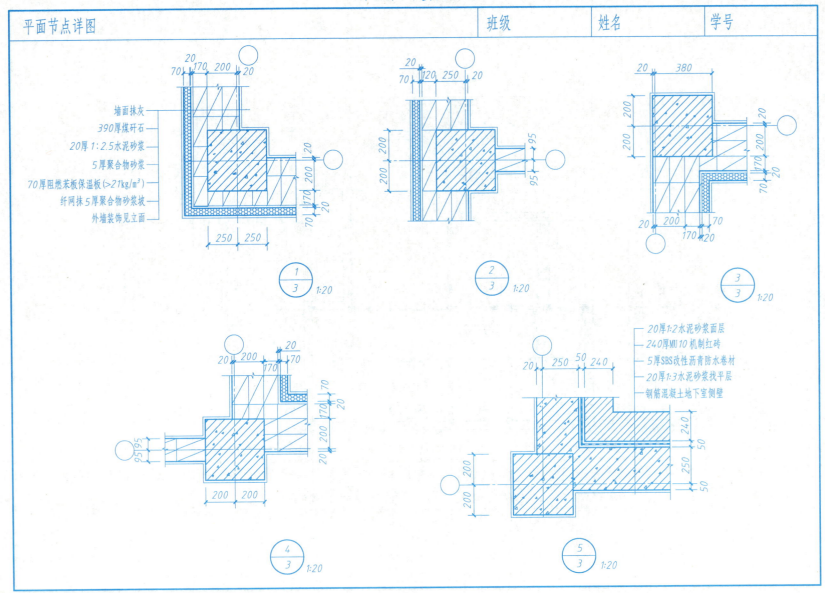

第14章 建筑施工图

二层平面图 　　　　班级　　　　姓名　　　　学号

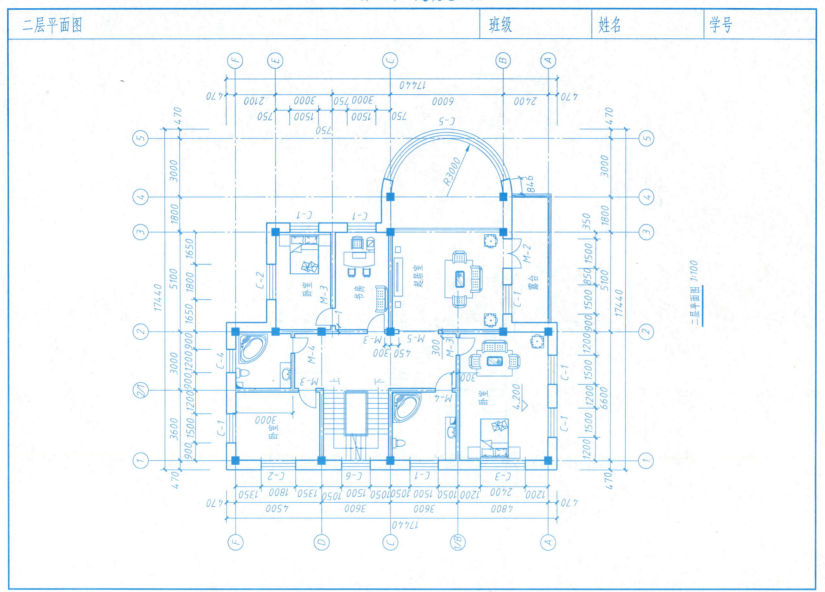

二层平面图 1:100

第14章 建筑施工图

三层平面图　　　　　　　　　　　　班级　　　　姓名　　　学号

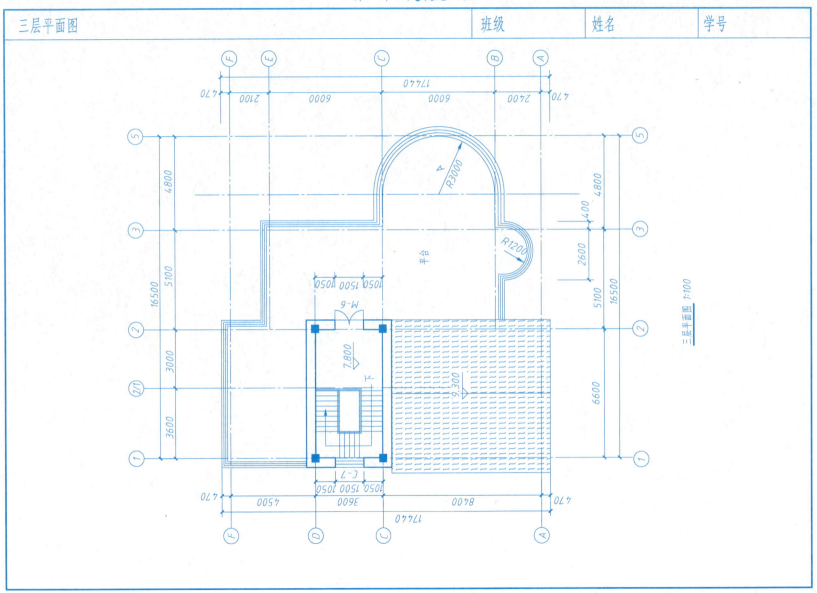

三层平面图 1:100

第14章 建筑施工图

屋顶排水平面图　班级　姓名　学号

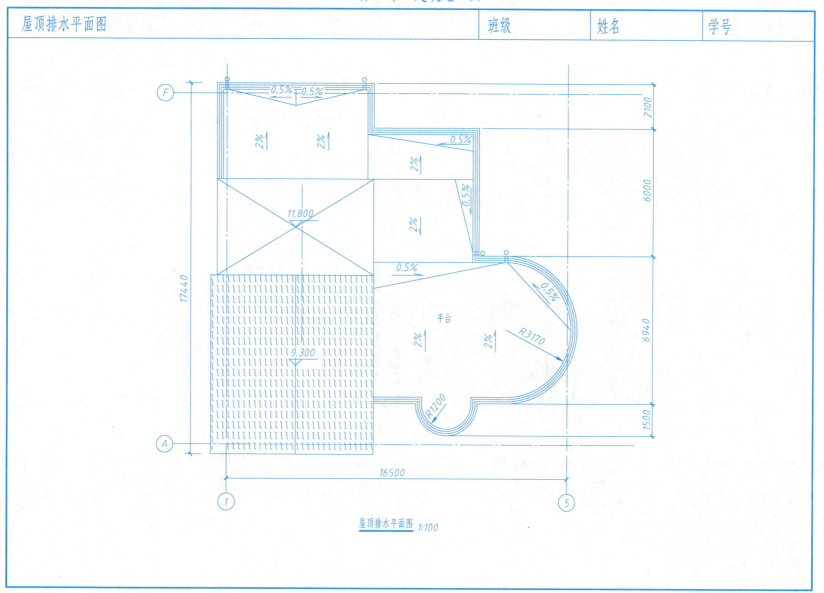

屋顶排水平面图 1:100

第14章 建筑施工图

| 立面图 | | 班级 | 姓名 | 学号 |

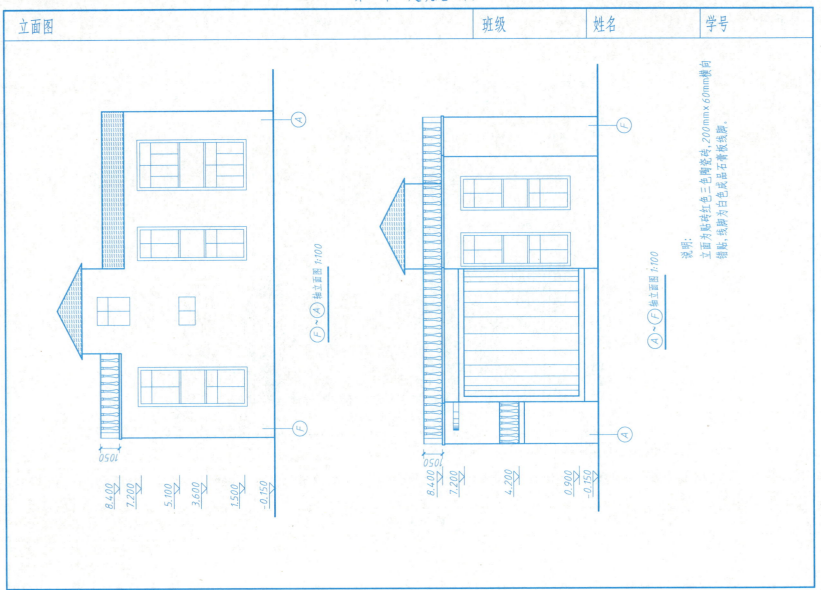

第14章 建筑施工图

| 立面图 | 班级 | 姓名 | 学号 |

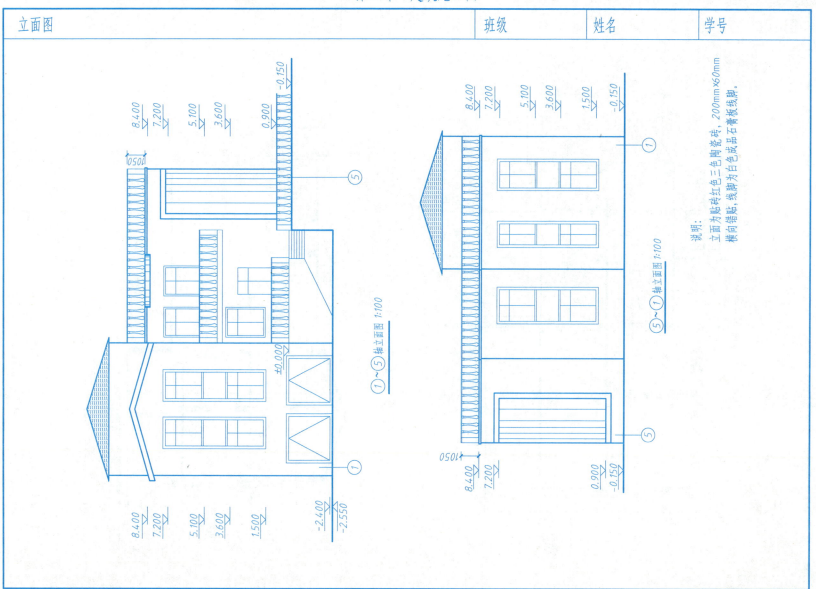

第14章 建筑施工图

| 剖面图 | 班级 | 姓名 | 学号 |

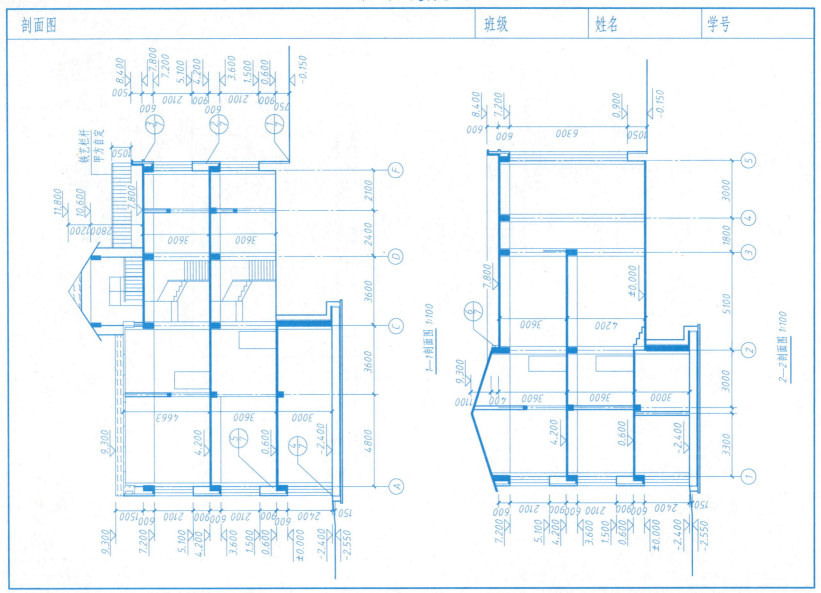

第14章 建筑施工图

墙身节点大样图

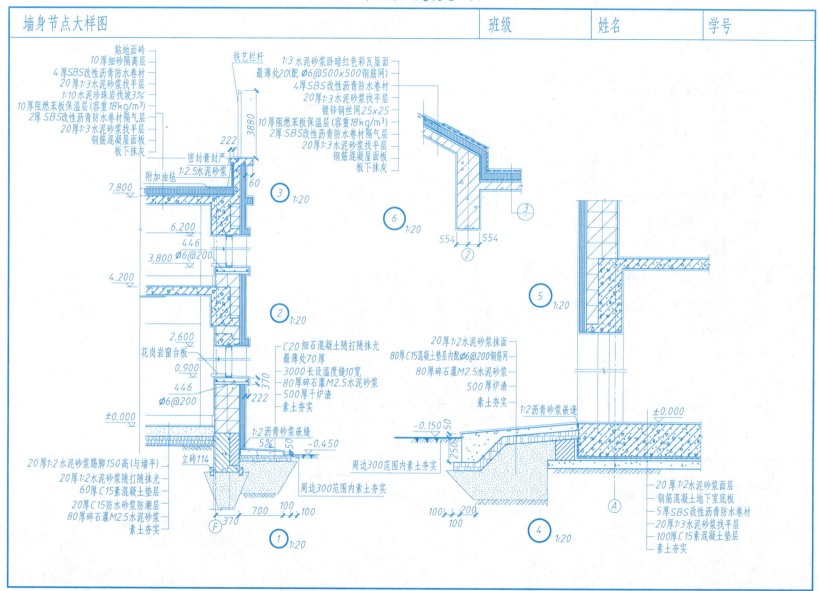

第14章 建筑施工图

楼梯详图　　　班级　　　姓名　　　学号

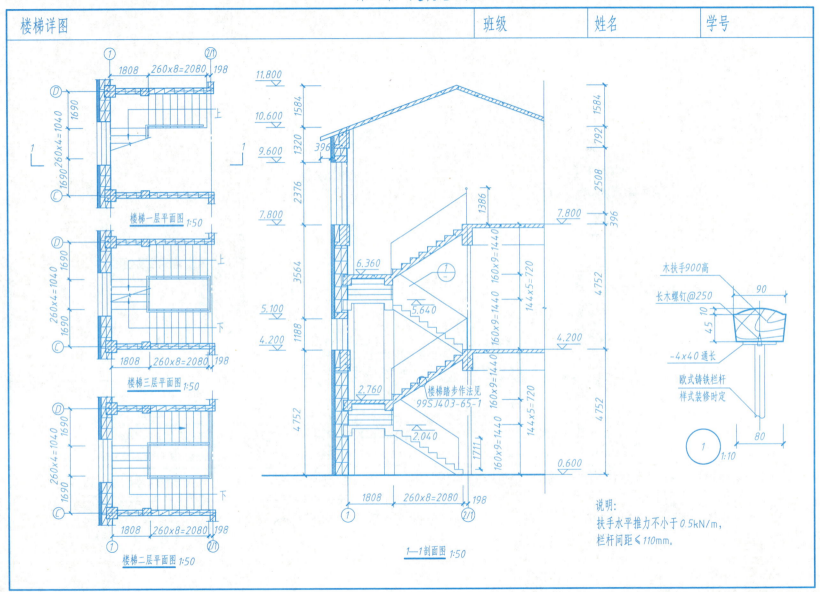

第15章 结构施工图

基础平面图及基础详图

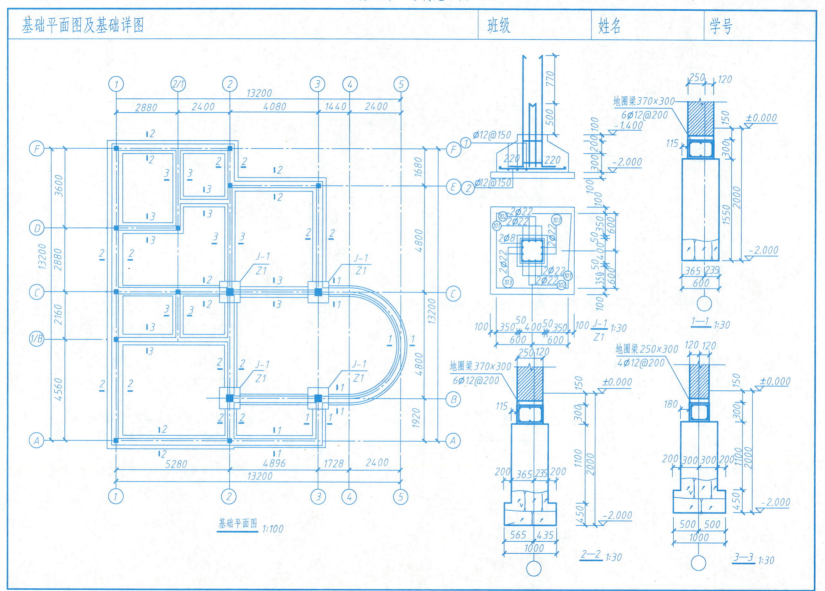

基础平面图 1:100

第15章 结构施工图

地下室顶板结构平面图　　班级　　姓名　　学号

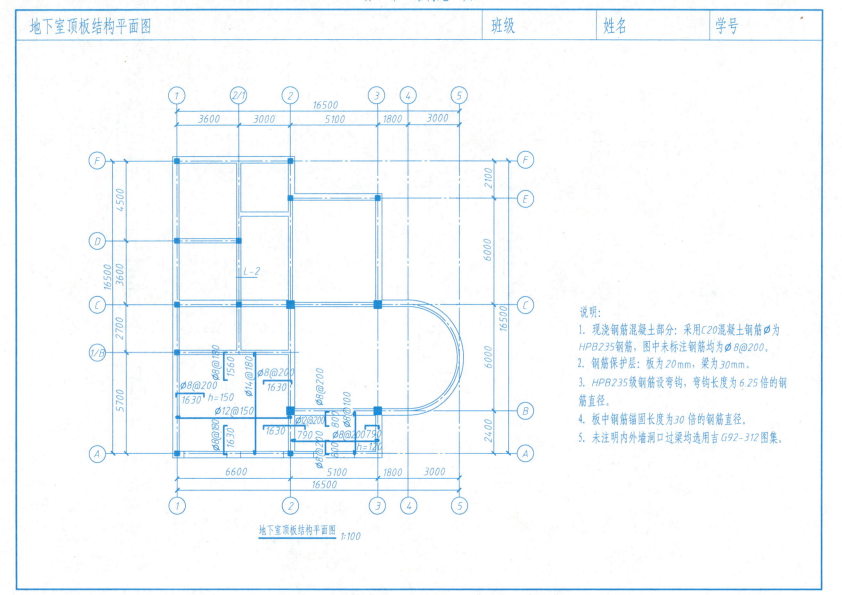

说明：
1. 现浇钢筋混凝土部分：采用C20混凝土钢筋∅为HPB235钢筋，图中未标注钢筋均为∅8@200。
2. 钢筋保护层：板为20mm，梁为30mm。
3. HPB235级钢筋设弯钩，弯钩长度为6.25倍的钢筋直径。
4. 板中钢筋锚固长度为30倍的钢筋直径。
5. 未注明内外墙洞口过梁均选用吉G92-312图集。

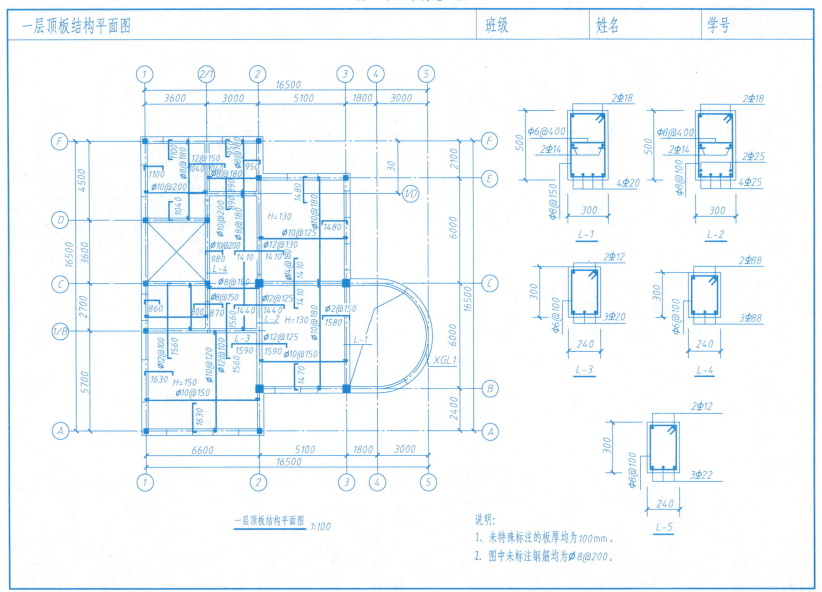

第15章 结构施工图

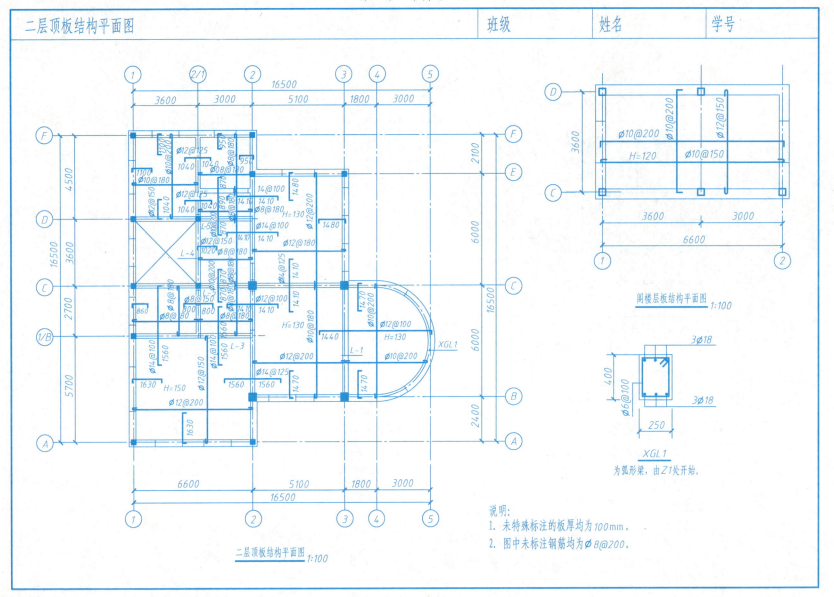

第15章 结构施工图

楼梯结构布置图

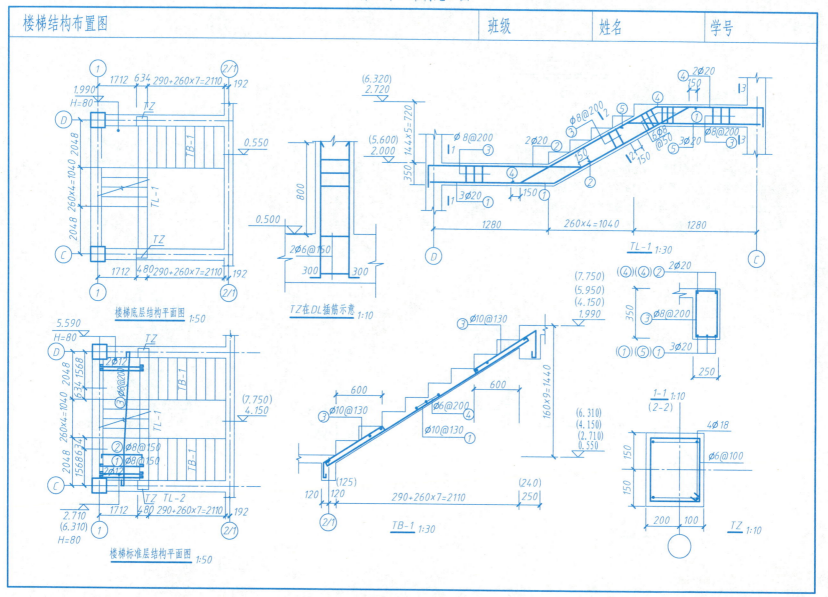

第16章 给水排水施工图

| 给水排水设计说明 | 班级 | 姓名 | 学号 |

给水排水设计说明

1. 本设计依据《建筑给水排水设计规范》(GB 50015—2019)。
2. 本设计生活给水水源来泵房。
3. 生活给水管道采用PP-R塑料管,熔接。室内部分埋地安装。DN25相当于ϕ32。
4. 室内排水采用U-PVC实壁螺旋管,埋地管道用U-PVC实壁厚塑料壁管。
5. 阀门,$DN \leq 50mm$,采用铜闸阀,$DN > 50mm$采用铸铁闸阀。
6. 给水管道系统安装后,应进行不小于0.6MPa的水压试验,十分钟压力下降不超过0.05MPa为合格。
7. 暗装或埋地的排水管道,在隐蔽前必须做灌水试验,其灌水高度应不低于底层地面高度,以满水15分钟后,不下降为合格液面。
8. 管道设计标高:给水管为管中心标高,排水管为管内底标高。
9. 管道活动支架的间距,根据管径按《建筑给水排水及采暖施工质量验收规范》(GB 50242—2002)的有关规定施工。
10. 卫生器具须为节水型产品,厨房设复合地漏。地漏水封深度不小于50mm。
11. 未说明均按《建筑给水排水及采暖工程施工质量验收规范》(GB 50242—2002)的有关规定施工。

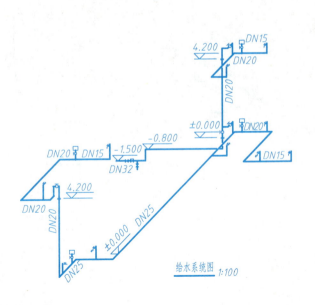

给水系统图 1:100

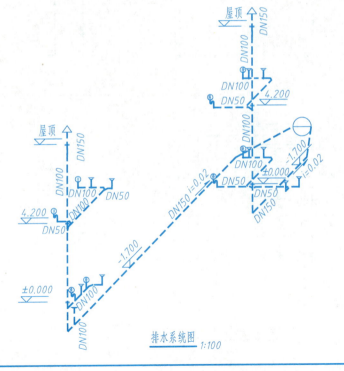

排水系统图 1:100

第16章 给水排水施工图

一层给水排水平面图　　班级　　姓名　　学号

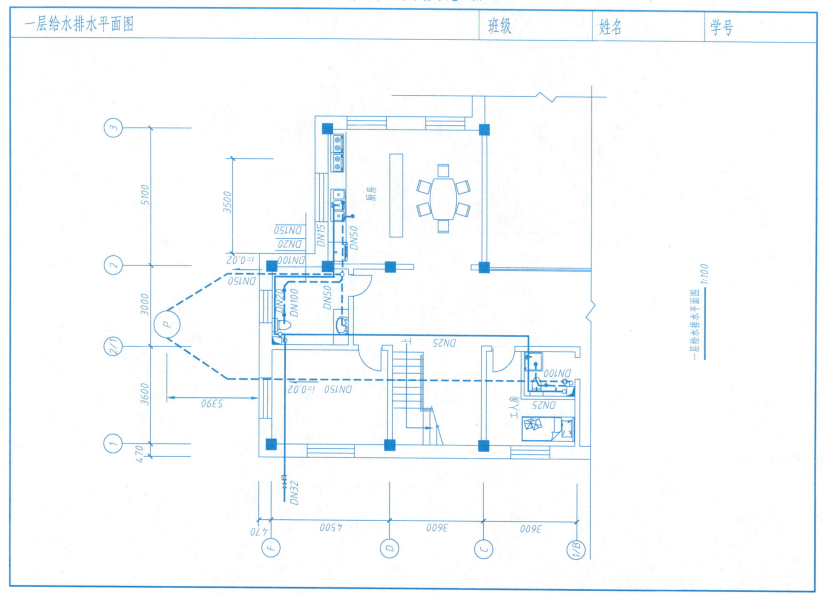

一层给水排水平面图 1:100

第16章 给水排水施工图

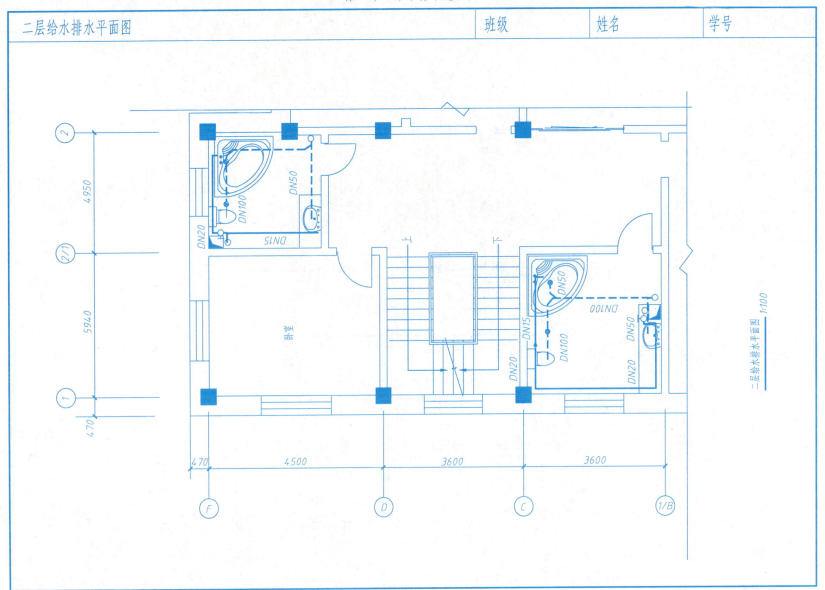

二层给水排水平面图 1:100

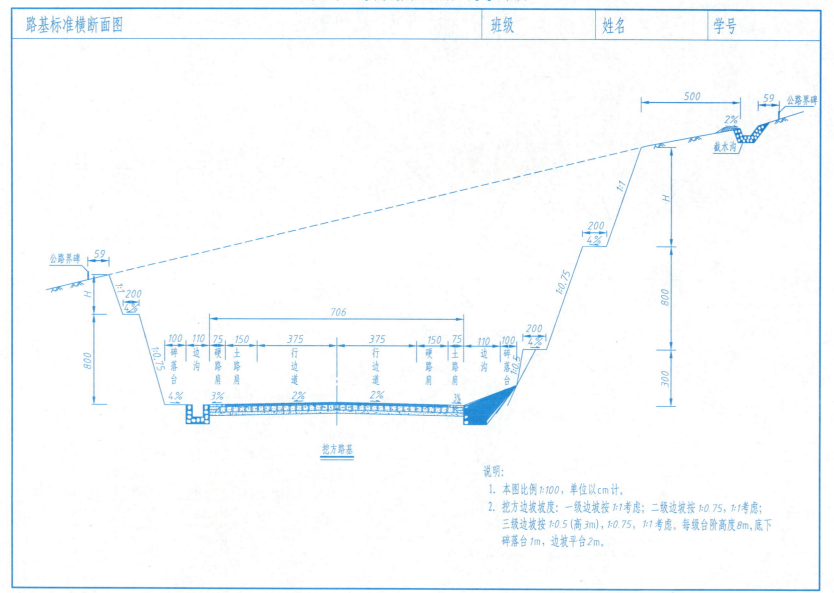

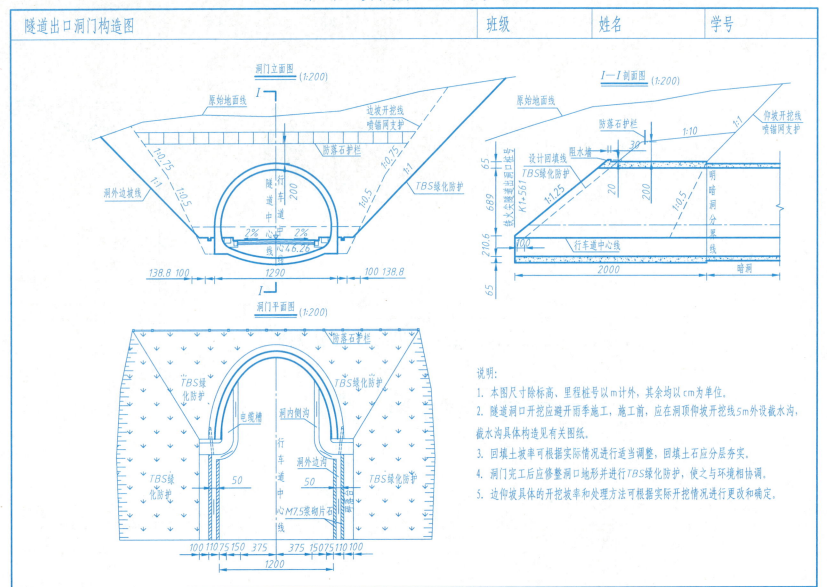

第17章 道路及桥梁、涵洞、隧道工程图

管涵墙洞构造图

班级　　姓名　　学号

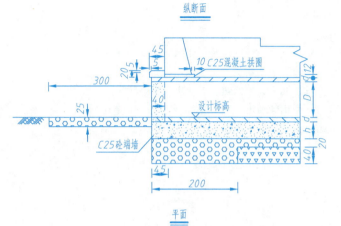

纵断面

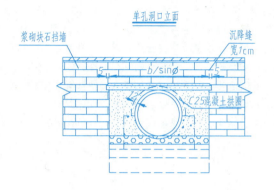

单孔洞口立面

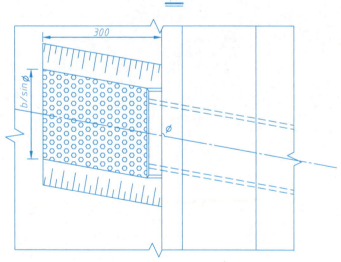

平面

桩号	管径D(cm)	d(cm)	h(cm)	b(cm)
K0+045	100	10	30	200
K0+145	50	5	20	140
K0+318	50	5	20	140
K0+490	50	5	20	140
K0+543	50	5	20	140
K0+696	50	5	20	140
K5+379	50	5	20	140
K6+096	50	5	20	140
K7+336	80	8	20	176

说明：
1. 图中尺寸除角度以度计，其余均以cm为单位。
2. 材料规格：洞口铺筑为M7.5砂浆灌片石。
3. 涵洞基础底需挖至硬土，如管基底标高未到达河、沟底硬土层，则需清淤至硬土层，用石渣回填至管基底标高后方可施工。

参 考 文 献

陈美华，袁果，王英姿. 建筑制图习题集［M］. 8版. 北京：高等教育出版社，2021.
同济大学建筑制图教研室. 画法几何习题集［M］. 6版. 上海：同济大学出版社，2020.
中华人民共和国住房和城乡建设部. 房屋建筑制图统一标准：GB/T 50001—2017［S］. 北京：中国建筑工业出版社，2018.
中华人民共和国住房和城乡建设部. 建筑结构制图标准：GB/T 50105—2010［S］. 北京：中国建筑工业出版社，2010.
中华人民共和国住房和城乡建设部. 建筑给水排水制图标准：GB/T 50106—2010［S］. 北京：中国建筑工业出版社，2010.
中华人民共和国住房和城乡建设部. 建筑制图标准：GB/T 50104—2010［S］. 北京：中国计划出版社，2011.
中华人民共和国住房和城乡建设部. 总图制图标准：GB/T 50103—2010［S］. 北京：中国计划出版社，2011.